퍼스널 컬러 코디네이터 를 위한

뷰티색채학

퍼스널 컬러 코디네이터를 위한

뷰티색채학

2017. 6. 23. 초 판 1쇄 발행
2019. 9. 27. 개정 1판 1쇄 발행
2022. 4. 27. 개정 1판 2쇄 발행
2024. 3. 6. 개정 1판 3쇄 발행

지은이 │ 박효원, 송서현, 유한나
펴낸이 │ 이종춘
펴낸곳 │ BM (주)도서출판 성안당

주소 │ 04032 서울시 마포구 양화로 127 첨단빌딩 3층(출판기획 R&D 센터)
        10881 경기도 파주시 문발로 112 파주 출판 문화도시(제작 및 물류)

전화 │ 02) 3142-0036
        031) 950-6300

팩스 │ 031) 955-0510
등록 │ 1973. 2. 1. 제406-2005-000046호
ISBN │ 978-89-315-8845-3 (13590)
정가 │ 24,000원

이 책을 만든 사람들
책임 │ 최옥현
교정·교열 │ 김원갑
내지 디자인 │ 홍수미
표지 디자인 │ 박현정
홍보 │ 김계향, 유미나, 정단비, 김주승
국제부 │ 이선민, 조혜란
마케팅 │ 구본철, 차정욱, 오영일, 나진호, 강호묵
마케팅 지원 │ 장상범
제작 │ 김유석

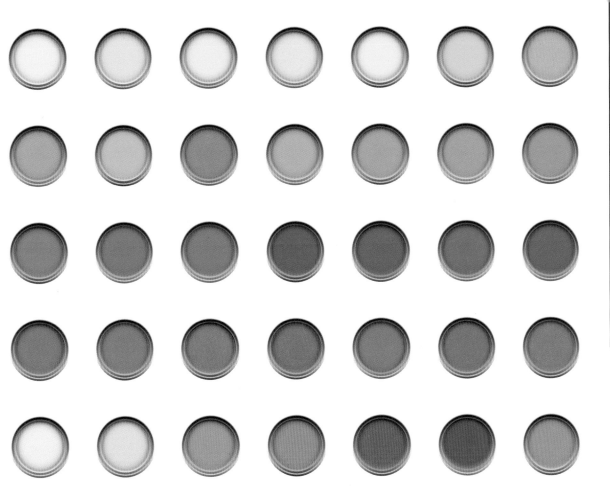

퍼스널 컬러 코디네이터를 위한

뷰티색채학

박효원 · 송서현 · 유한나 지음

BM (주)도서출판 **성안당**

현대사회는 첫인상, 이미지가 스펙인 감성시대로 자신만의 메이크업, 헤어스타일, 패션 등의 맞춤 코디네이션이 요구되고 있다. 이러한 사회적 현상과 가치관의 변화로 유행보다 중요시되는 것은 개개인의 PI(Personal Identity, 퍼스널 아이덴티티)를 추구하는 것이다. 또한 퍼스널 컬러는 자신을 표현하는데 매우 중요한 수단이며 차별화할 수 있는 경쟁력이 될 수 있다.

퍼스널 컬러는 미국, 일본, 유럽 등에서 4계절 이미지에 비유하여 개인이 타고난 신체 색을 분류하는 방법을 활용하고 있으며, 개인의 색채이미지를 객관적으로 분석하기 위해 체계적인 색채 진단 시스템으로 개인의 모든 생활에 맞는 컬러 이미지 연출을 할 수 있다. 퍼스널 컬러의 적용 분야는 신체의 색을 직접적으로 활용하는 전문가 중 특히 메이크업 아티스트, 스타일리스트, 네일 아티스트, 패션 디자이너 등으로 관련 분야에서 적극적으로 활용할 수 있다.

본서에서는 뷰티 실무에 꼭 필요한 퍼스널 컬러 코디네이터를 양성하기 위해 7개의 장으로 구성하여 퍼스널 컬러의 기본적인 지식과 색채 실습시트로 쉽게 이해하면서 색채를 배울 수 있도록 하였다. 각 장의 내용은 기초색채론, 색 체계와 색채조화론, 톤과 이미지 배색, 퍼스널 컬러, 퍼스널 컬러 진단, 퍼스널 컬러 코디네이션, 퍼스널 컬러 코디네이션 계획으로 구성되어 있으며, 뷰티디자인에 중점을 둔 메이크업, 헤어, 소품 등의 개성적인 연출로 자신의 이미지에 맞는 가장 어울리는 퍼스널 컬러를 선택하고 코디네이션 할 수 있도록 가능한 한 즐겁게 색채를 배울 수 있는 실습 내용으로 편집하였다.

이 책이 나오기까지 정성을 다해주신 편집부 여러분에게 감사드리고, 나름대로 최선을 다했지만 미흡한 점이 있으리라 보며, 저자 일동은 미용과 패션을 배우고 있는 미용인에게 도움이 되길 진심으로 바란다.

2017년 6월
저자일동

CHAPTER

01

PERSONAL COLOR
COORDINATOR

기초색채론

색채의 개념

1 빛과 색채

1 색채의 이해

색채(Color)는 빛깔을 의미하는 용어로, 디자인 3요소(형태, 색채, 질감) 중 하나이며, 빛이 감각기관을 통해 지각되는 현상이다. 색채는 광원(태양 또는 인공광원)으로부터 나오는 물리적인 빛이 물체에 닿아 반사·흡수·투과 과정을 통해 눈의 망막과 시신경, 즉 눈이라는 감각기관을 자극하여 생기는 물리적인 지각현상이다.

2 빛의 이해

빛(Light)은 X선, 자외선, 감마선, 가시광선, 적외선, 라디오파 등으로 나누어지며, 그 중 사람이 볼 수 있는 380~780nm(나노미터) 사이의 빛을 가시광선(Visible light)이라고 한다. 가시광선은 자외선과 적외선 사이에 있으며, 평소에는 색으로 보이지 않고 백광으로 보이지만, 프리즘(Prism)에 의해 빛이 굴절되면 빨강, 주황, 노랑, 초록, 청록, 파랑, 보라 등의 단색광으로 분광(分光)되어 스펙트럼(Spectrum)이라는 색의 띠로 보인다.

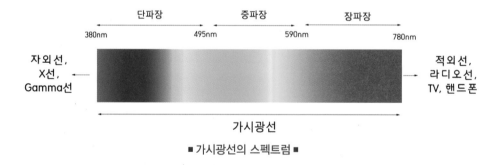

■ 가시광선의 스펙트럼 ■

스펙트럼(Spectrum)은 1666년 영국의 뉴턴(Newton, 1642~1727)이 프리즘(Prism)에 의해 광선이 꺾여 파장의 길이에 따라 나타나는 빛의 굴절현상을 통해 태양광선을 분리하여 7가지 색광이 있음을 과학적으로 정리한 것이다. 이에 따라, 스펙트럼은 파장에 따라 단파장, 중파장, 장파장으로 나누어진다.

파장 길이	가시광선 영역	단색광의 색	빛의 성질
장파장	620 ~ 780nm	빨강	굴절률이 작다
	590 ~ 620nm	주황	
중파장	570 ~ 590nm	노랑	가장 밝다
	495 ~ 570nm	초록	
단파장	476 ~ 495nm	청록	굴절률이 크다
	450 ~ 475nm	파랑	
	380 ~ 450nm	보라	

③ 빛의 성질

① **반사** : 반사란 빛의 파동이 물체에 닿았을 때 방향을 바꾸는 현상을 말한다. 우리가 보는 물체 색은 물체에 반사된 빛이 우리 눈에 들어와 색으로 느껴지는 것이다.

② **흡수** : 빛이 물체에 닿으면, 일부 파장을 제외하고 대부분 흡수된다. 바나나가 노란색으로 보이는 것은 노란 빛이 반사되고, 나머지 파장의 빛은 흡수되었기 때문에 노랗게 보이는 것이다.

■ 빛의 반사와 흡수 ■

③ **투과** : 투과는 빛이 물질 내부를 통과하는 현상이다. 투과색이란 빛이 물체를 통과하여 나타난 색으로, 파란 유리를 통과한 빛이 파래보이는 이유는 파란 파장만 투과하였기 때문이다.

■ 빛의 투과 ■

④ 굴절 : 다른 매질로 빛이 들어가면 진행 방향이 꺾이는 현상이다. 프리즘에 통과한 빛은 굴절을 통하여 스펙트럼으로 분광된다. 파장이 긴 빛은 굴절률이 작고, 파장이 짧은 빛은 굴절률이 크다. 자연현상 중 무지개는 물방울에 닿은 빛이 반사, 굴절될 때 나타나는 현상이다.

■ 빛의 굴절 ■

⑤ 산란 : 빛의 파동이 먼지, 수증기 등에 충돌하여 여러 방향으로 흩어지는 현상이다. 단파장의 파란빛은 강하게 산란되고, 장파장의 붉은빛은 거의 산란되지 않는다. 오후에는 대기 중 미립자들에 의해 산란된 단파장의 빛이 지상에 도달하므로 하늘이 파랗게 보인다. 아침이나 저녁에 하늘이 붉게 보이는 것은 태양빛의 단파장이 크게 산란되고, 장파장 부분의 빛이 투과되어 지상에 도달하기 때문이다.

■ 빛의 산란 ■

⑥ **회절** : 빛이 장애물의 그림자를 만들지 않고, 그림자에 해당하는 부분까지 돌아들어가는 현상이다. 달 주변에 구름이나 안개가 자욱이 끼면 달무리가 생기는 것이 회절에 의한 현상이다.

■ 빛의 회절 ■

⑦ **간섭** : 빛의 간섭이란 진동수가 같은 파동이 중첩되어 파동의 진폭이 변하는 현상이다. 비눗방울이나 CD표면, 곤충의 날개 등에 나타나는 무지갯빛은 빛의 일부가 표면에서 서로 간섭하여 색을 만들었기 때문이다.

■ 빛의 간섭 ■

눈은 빛의 강약, 파장 등 시각 정보를 수집하여 시신경을 통해 뇌로 전달하는 감각기관이다. 크게 '빛 → 각막 → 홍채 → 수정체 → 유리체 → 망막 → 시신경 → 뇌'의 경로로 시각 정보를 인지하게 된다.

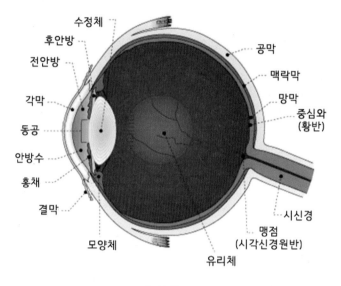

■ 눈의 구조 ■

① **눈꺼풀(Lid)** : 안구의 앞부분을 덮고 있는 위아래 두 장의 주름이 있는 피부로, 카메라의 렌즈 뚜껑과 같은 기능을 한다. 외부로부터 이물질 침입을 방어하고, 눈 표면을 보호한다.

② **각막(Cornea)** : 홍채와 동공을 보호하는 눈 앞쪽의 투명한 막으로 외부로부터 눈을 보호한다.

③ **동공(Pupil)** : 홍채 안쪽 중앙의 비어있는 공간으로, 빛의 양에 따라 수축과 팽창이 일어나면 동공의 크기가 반사적으로 달라진다. 일반적으로 어두울 땐 동공이 커지고, 밝을 땐 작아진다.

④ **홍채(Iris)** : 동공 주위 조직으로, 눈으로 들어오는 빛을 조절하며, 카메라의 조리개 역할과 같다. 빛의 강약에 따라 동공 크기를 조절해 눈으로 들어온 빛의 양에 영향을 준다.

⑤ **수정체(Lens)** : 앞뒤가 볼록한 렌즈 형태의 눈 안에 있는 투명한 조직으로 빛이 통과할 때 빛을 모아준다. 카메라의 렌즈가 초점을 맞추는 역할을 하는 것과 같다. 물체의 거리에 따라 수정체의 두께가 조절되어 빛이 굴절되는 정도가 달라진다.

⑥ **망막(Retina)** : 안구의 가장 안쪽을 덮고 있는 상이 맺히는 부분으로, 빛에 대한 정보를 전기적 정보로 전환하여 시신경에 전달한다. 카메라의 필름과 같은 역할이며, 망막 주변에는 간상체와 추상체라는 시세포가 있어 색의 명암과 색상을 구별할 수 있다.

⊙ **간상체**(Rod cell) : 망막 주변에 넓게 분포되어 있는 막대 모양의 세포(약 1억 2천만 개)로, 주로 어두운 곳에서 기능을 하여 빛의 명암을 판단한다. 추상체에 비해 빛의 세기에 더 민감하며, 특히 507nm의 빛에서 민감한 반응을 보인다.

ⓛ **추상체**(Corn cell) : 망막의 중심와에 모여 있는 원뿔 형태의 세포(약 650만 개)로, 색상을 판단한다. 밝은 곳에서 작용하며 560nm의 빛에서 가장 민감하다. 3종류의 추상체가 빛의 파장 길이에 따라, 즉 장파장, 중파장, 단파장에 따라 다른 반응을 보인다.

⑦ **중심와**(fovea) : 망막 중심의 오목한 부분을 중심와(황반)라 부른다. 중심와에는 추상체만 밀집되어 있으므로, 중심와에 상이 맺히면 가장 자세하게 보인다.

⑧ **결막**(Conjunctiva) : 눈꺼풀의 안쪽과 안구의 흰 부분을 덮고 있는 얇고 투명한 점막으로 눈을 보호하는 기능을 하며, 결막을 이루는 일부 세포는 눈물 성분 중 점액을 만들어 분비한다.

⑨ **맥락막**(Choroid) : 안구 벽의 중간층을 형성하는 막으로 혈관과 멜라닌 세포가 많이 분포하며, 외부에서 들어온 빛이 분산되지 않도록 막는 역할을 한다.

⑩ **모양체**(Ciliary Body) : 맥락막과 홍채의 가장자리를 잇는 직삼각형의 조직으로 수정체의 두께를 조절하는 조직이다.

⑪ **공막**(Sclera) : 안구의 대부분을 싸고 있는 흰색의 막으로 눈의 흰자위에 해당하는 부분이다. 안구를 보호하고 형태를 유지하는 기능을 한다.

⑫ **맹점**(Blind Spot) : 망막의 부분 중 시세포가 없어 상이 맺히지 않는 부분이다. 안구에서 뇌로 연결되는 시신경 다발이 모이는 부위로 물체의 상이 맺히지 않으므로 시각의 기능을 할 수 없다.

⑬ **유리체**(Vitreous Body) : 안구 내용물 중 가장 큰 부피를 차지하는 안구 중심부의 투명한 젤 형태로 공간을 채우고 있는 부분을 말한다.

⑭ **안방수**(Aqueous Humor) : 각막과 홍채, 홍채와 수정체 사이를 가득 채운 투명한 액이다.

⑮ **전안방**(Anterior Chamber) : 수정체와 각막 사이의 빈 공간 중 홍채보다 앞쪽의 넓은 공간을 전안방이라 한다. 투명한 물과 같은 액으로 차 있다.

⑯ **후안방**(Posterior Chamber) : 수정체와 각막 사이의 빈 공간 중 홍채보다 뒤쪽의 넓은 공간을 후안방이라 한다. 투명한 물인 방수가 채워져 있다.

카메라	눈
렌즈 뚜껑	눈꺼풀
렌즈	수정체
조리개	홍채
필름	망막

■ 카메라와 눈의 비교 ■

3 색 지각의 3요소

색을 지각하기 위해 반드시 필요한 3가지 조건인 빛, 물체(대상물), 감각(눈)을 색채 지각의 3요소라고 한다. 우리는 빛이 물체에 반사, 흡수, 투과, 굴절, 산란, 회절, 간섭 등의 현상을 일으키면서 나타나는 다양한 색을 눈이라는 감각기관을 통해 지각하게 된다.

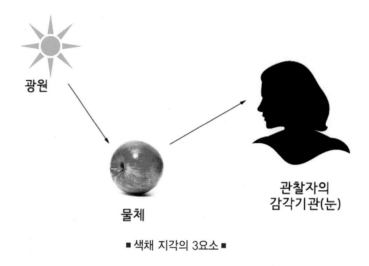

광원

물체

관찰자의
감각기관(눈)

■ 색채 지각의 3요소 ■

색채 기본 이론

1 색의 분류

1 무채색(Achromatic Color, 無彩色)

색상, 채도가 없고 명도만으로 구별되는 색으로 흰색, 회색, 검은색이 있다. 무채색은 밝은 정도를 감각적으로 등분하여 색을 구분하며, 모든 색의 밝기 척도로 삼는 경우가 많다.

2 유채색(Chromatic Color, 有彩色)

무채색을 제외한 모든 색으로 색상이 있는 색을 말한다. 유채색은 색상, 명도, 채도라는 감각적인 요소에 의해 분류되며, 색상 중 가장 채도가 높은 색을 순색(純色)이라고 한다.

2 색의 3속성

색의 3속성은 색상, 명도, 채도이다. 색상은 빨강, 노랑, 초록 등 파장과 성질이 다른 색을 구별하기 위한 명칭이고, 명도는 색의 밝고 어두움, 채도는 색의 맑고 탁함을 뜻한다.

1 색상(Hue)

파장과 성질을 기준으로 분류한 색의 고유한 성질로 빨강, 노랑, 초록, 파랑, 보라 등으로 구분되는 속성이다.

① 'H'로 표기한다.

② 유채색에만 색상이 있으며, 색상을 원 형태로 배열해놓은 것을 색상환이라 한다.

③ 색상환에서 옆에 있는 색은 유사색, 반대편에 있는 색을 보색 또는 반대색이라 한다.

■ KS 색상환 ■

2 명도

색의 명암을 뜻하며 밝을수록 고명도, 어두울수록 저명도라 한다.

① 'V'로 표기한다.

② 명도는 색의 밝고 어두운 정도를 나타내므로, 무채색과 유채색에 모두 있다.

③ 무채색은 명도를 기준으로 가장 어두운 검정은 0, 가장 밝은 흰색은 10으로 하여 11단계로 명암을 나눈다. 그러나 지구상에서는 현실적으로 완전한 흰색(빛을 모두 반사)과 완전한 검은 색(빛을 모두 흡수)을 만들 수 없으므로, KS 색 체계(한국표준색체계)에서는 가장 어두운 색을 1.5, 가장 밝은 색을 9.5로 표기하여 명도를 10단계로 표기한다.

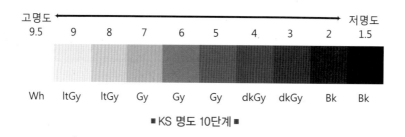

■ KS 명도 10단계 ■

3 채도

색의 맑고 탁한 정도를 뜻하며 맑을수록 고채도, 탁할수록 저채도라 한다.

① 'C'로 표기한다.

② 유채색의 순수한 정도를 뜻하므로 순도라고도 하며, 채도가 가장 높은 색을 순색이라 한다.

③ 유채색에 흰색, 검은색 등의 다른 색이 섞일수록 채도가 낮아진다.

④ 채도가 높은 고채도의 색일수록 원색에 가깝고, 저채도의 색일수록 무채색에 가깝다.

⑤ 먼셀 색 체계에서는 색상에 따라 채도의 단계가 다르며, 가장 많이 분류될 수 있는 빨강의 경우 14단계까지 분류된다. 14단계가 고채도의 빨강, 5~10 근방이 중채도, 1~4 사이가 저채도에 해당된다고 볼 수 있다. 저채도는 검정 또는 흰색이 섞여 탁해진 색을 의미하며 어둡고 밝은 명도와 혼동하지 않도록 유의해야 한다.

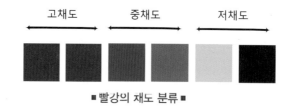

■ 빨강의 채도 분류 ■

Section 3 색의 혼합

색의 혼합은 두 개 이상의 색료 또는 색광 등을 혼합하여 다른 색을 만드는 것이며, 혼합하여 만든 색을 혼합색이라 한다.

어떤 색을 혼합해도 만들 수 없는 색, 그리고 더 이상 분해할 수 없는 단일한 색을 원색이라 한다. 원색을 1차색이라고도 부르며, 1차색을 혼합해 만들어진 색을 2차색(중간색)이라 하고, 2차색끼리 혼합한 색은 3차색이라 한다.

1 혼색의 종류와 방법

1 혼색의 종류

물리적 혼색	물리적 혼합은 여러 가지 색자극이 직접 합성된 색자극을 하나의 색으로 지각하는 것이다. 직접 물감을 섞어 만든 혼합색이나 2장 이상의 색 필터를 겹쳐 뒤에서 빛을 비추어 만들어진 혼합색이 이에 해당한다. 이때의 혼합색은 원래의 색보다 어누워지므로 감법혼색이라 한다.
생리적 혼색	생리적 혼합은 여러 종류의 색자극이 망막의 동일 부위에 겹쳐 혼색되는 착시적 혼색을 말한다. 빛의 색들은 혼합하면 원래의 색보다 밝아져 가법혼색이라 하며, 가법혼색은 생리적 혼색에 해당한다. 또한 색점의 나열이나 직물의 직조에서 보이는 병치혼색과 회전판을 돌려 혼합하는 계시혼색도 생리적 혼색에 해당한다.

2 혼색의 방법

동시혼색	두 가지 이상의 색이 동시에 망막에 자극되어 나타나는 색채 지각으로, 우리 눈이 동시에 두 색을 볼 때 나타난다.
계시혼색	두 가지 이상의 색이 짧은 시간차를 두고 교대하면서 자극을 주면 두 색이 서로 혼합되어 보이는 방법이다.
병치혼색	많은 색의 점들을 조밀하게 병치하면 서로 혼합되어 보인다.

2 감법혼색

잉크나 물감 같은 색료의 3원색은 사이언(C, Cyan), 마젠타(M, Magenta), 옐로우(Y, Yellow)이며, 색을 섞을수록 명도가 낮아지므로 감법혼색(Subtractive color mixture)이라 한다. 3원색의 색료를 모두 합치면 검정에 가까운 색이 되며 물감의 혼합, 프린터, 영화필름, 색채 사진 등은 모두 물리적 혼색인 감법혼색의 원리가 적용된다.

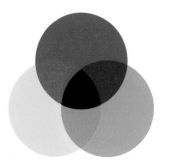

- 마젠타(M) + 노랑(Y) = 빨강(R)
- 노랑(Y) + 사이언(C) = 초록(G)
- 사이언(C) + 마젠타(M) = 파랑(B)
- 마젠타(M) + 노랑(Y) + 사이언(C) = 검정(B)

■ 색료의 3원색(CMY)과 감법혼합 ■

3 가법혼색

빛의 3원색은 빨강(R, Red), 초록(G, Green), 파랑(B, Blue)이며, 빛의 색은 섞을수록 빛의 양이 증가하여 평균 명도보다 밝아지므로 가법혼색(Addictive color mixture)이라 한다. 2종류 이상의 색자극이 망막의 같은 곳에 동시 또는 교대로 입사하여 생기는 색자극의 생리적 혼합이다. 3원색의 색광을 모두 합치면 백색광이 된다.

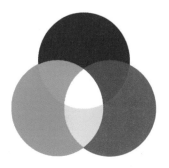

- 파랑(B) + 초록(G) = 사이언(C)
- 초록(G) + 빨강(R) = 노랑(Y)
- 파랑(B) + 빨강(R) = 마젠타(M)
- 파랑(B) + 초록(G) + 빨강(R) = 흰색(W)

■ 빛의 3원색(RGB)과 가법혼합 ■

4 중간혼색

눈의 망막에서 일어나는 착시적 혼합으로 하나하나의 색을 판별하지 못하고, 합쳐진 색으로 보게 되는 것이다. 이때 혼합되는 색들의 밝기는 그 색들의 평균 밝기를 갖게 되어 평균혼색 또는 중간혼색이라고 부른다.

1 계시중간혼색(계시혼합)

팽이나 레코드플레이어처럼 회전하는 원판에 두 가지 이상의 색을 칠해 회전시키면, 하나하나의 색을 보지 못하고, 눈의 망막에 시간차를 두고 도달하여 혼색된 새로운 색으로 보이는 것을 계시중간혼색 또는 회전혼색이라고 한다. 이때, 색의 밝기와 색은 각각의 색의 평균값으로 나타난다.

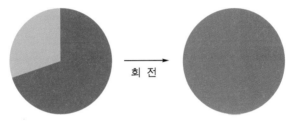

회 전

■ 계시중간혼색(회전혼색) ■

2 병치중간혼색(병치혼합)

날줄과 씨줄의 직물 제조에서 보이는 병치혼합은 19세기 인상파 화가들이 점묘법이라는 회화 기법으로 사용되면서 일반화되었다. 무수한 작은 점이나 선을 먼 거리에서 보면 색이 혼색되어, 하나하나의 색이 아닌 합쳐진 다른 색으로 보이는 것을 병치중간혼합이라고 한다.

점묘법, 모자이크, 인쇄에 의한 혼합, TV 화면을 비롯하여 1960년대 유행했던 옵아트(Op art)에서도 병치혼합 현상을 볼 수 있다.

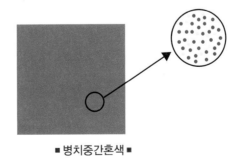

■ 병치중간혼색 ■

색의 효과와 특성

1 색채 자극과 인간의 반응

1 명순응(Light adaptation)

색에 있어서 감수성의 변화에 적응하는 것을 순응이라고 한다. 어두운 곳에 있다가 밝은 곳으로 나오면 처음에는 눈이 부셔 잘 보이지 않지만 곧 적응하여 잘 볼 수 있게 되는데, 이러한 현상을 '밝음에 적응한다'하여 명순응이라 한다.

■명순응(밝은 오후의 터널 출구)■

2 암순응(Dark adaptation)

밝은 곳에서 어두운 곳으로 들어가면, 처음에는 잘 보이지 않다가 어둠에 익숙해져 점차 보이게 되는데, 이러한 현상을 암순응이라 한다. 매우 어두운 곳에서는 추상체가 활동하지 않으므로 색은 구별할 수 없고, 명암과 형체만을 식별할 수 있다.

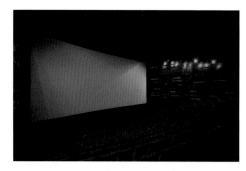

■암순응(어두운 영화관)■

3 **색순응**(Chromatic adaptation)

색광에 대하여 순응하는 것을 색순응이라 한다. 색이 있는 조명을 켜면 처음에는 물체색이 바뀌어 보이지만, 곧 적응하여 원래의 물체색으로 보이게 되는 현상이다. 선글라스를 끼면 처음에는 어둡게 보이지만, 곧 원래 색을 볼 수 있게 되는 것도 색순응의 원리이다.

4 **색의 항상성**(Color constancy)

광원의 강도, 모양, 크기, 색상이 바뀌어도 물체의 색은 동일하게 지각되는 현상을 색의 항상성이라 한다. 빨간 조명 또는 노란 조명을 비추어도, 물체색에 관하여 무의식적 추론에 의해 바나나를 원래의 노란색으로 지각하는 것이 그 예이다.

5 **색의 연색성**(Color rendering)

조명이 물체색에 영향을 미치는 것으로 같은 물체라도 조명에 따라 다른 색으로 지각되는 현상을 말한다. 하얀 도화지가 빨간 조명 아래서는 붉게, 노란 조명 아래서는 노랗게 보이게 되는 것이 그 예이다.

2 색채 지각 효과

1 착시 효과(Illusion effect)

사물의 색, 형태, 크기, 길이 등의 객관적 성질과 인간의 눈에 보이는 성질이 차이가 있는 시각적 착시 현상을 뜻한다.

■착시 효과■

2 면적 효과(Area effect)

동일인이 동일한 광원 아래 같은 색상의 물체를 보더라도 면적(크기)에 따라 색이 다르게 보이는 현상을 면적 효과라고 한다. 면적이 큰 색은 밝고 선명하게 보이고, 면적이 작은 색은 어둡고 탁하게 보이게 된다.

■면적 효과■

3 푸르킨예 현상(Purkinje phenomenon)

가시광선의 각 파장별로 우리 눈의 시세포 감도가 달라서 어두울 때(암소 시)에는 밝을 때(명소 시)보다 비시감도 곡선(각 파장에 대한 감도를 구해 나타난 곡선)이 단파장 쪽으로 이동한다. 이와 같이 암소 시의 매우 어두운 상태에서 단파장 영역의 밝기 감도가 높아져 푸른색이 다른 색에 비해 밝게 보이고, 붉은색의 상파장 엉억의 색들은 어둡고 탁하게 보이는 현싱을 푸르긴예 현상이라고 한다.

■ 푸르킨예 현상(명소 시와 암소 시) ■

④ 색음 현상(Colored shadow phenomenon)

색채학자인 괴테의 이론에 따르면, 그림자는 늘 회색으로 나타나는 것이 아니라, 푸른색 또는 붉은색이 가미된 회색으로 나타나기도 한다. 석양과 촛불 사이에 연필을 세워 생기는 그림자는 보색인 청록색으로 나타나는데, 이를 색음 현상이라고 한다.

색음 현상은 작은 면적의 회색이 고채도의 유채색으로 둘러싸이게 되면, 유채색의 보색을 띠는 회색으로 보이는 현상을 가리키기도 한다.

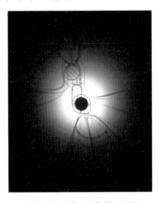

■ 색음 현상을 이용한 작품 ■

3 색채의 지각적 특성

① 색의 대비

색의 대비는 배경색이나 먼저 본 색의 영향을 받아 색의 성질이 다르게 보이는 현상을 말한다. 대부분 순간적으로 일어나며, 시간이 지남에 따라 그 효과가 약해진다. 대비 현상은 크게 두 색을 동시에 볼 때 일어나는 동시대비와 시간적 차이에 따라 일어나는 계시대비로 나눌 수 있다.

색을 본 후 시간적 차이를 두고 다른 색을 보면, 먼저 본 색의 영향으로 일시적으로 색이 다르게 보이는 현상을 계시대비라 한다. 빨강을 오래 보고 있다가 노란색을 보면, 빨강의 보색인 초록의 영향으로 연두색으로 보이게 된다.

동시대비

시간의 간격 없이 동시에 두 색을 봤을 때, 주변 색의 영향으로 본래의 색이 다르게 보이는 현상이다.

① **색상대비** : 색상이 다른 두 색을 동시에 볼 때, 색상 차이가 느껴지는 현상이다. 예를 들어, 주황색의 경우 빨강 위의 주황은 노랗게 보이고, 노랑 위의 주황은 빨갛게 보인다.

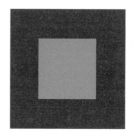

② **명도대비** : 명도가 다른 두 색을 동시에 볼 때, 두 색의 명도차가 크게 보이는 현상이다. 배경색이 명도가 높으면 원래의 명도보다 어둡게 보이고, 배경색이 명도가 낮으면 원래의 명도보다 밝게 보인다.

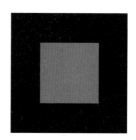

③ **채도대비** : 채도가 다른 두 색을 동시에 볼 때, 두 색의 채도차가 크게 보이는 현상이다. 동일한 색이라도 채도가 낮은 색 위에서는 선명하게 보이고, 채도가 높은 색 위에서는 탁하게 보인다.

④ **보색대비** : 보색 관계인 두 색을 동시에 봤을 때, 서로의 영향으로 원래의 색보다 채도가 높아 져 선명하게 보이는 현상을 말한다.

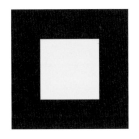 

⑤ **연변대비** : 3색 이상이 단계별로 접하여 나열될 때, 인접되어 있는 부분에서 대비 현상이 일 어나는 것을 연변대비 또는 경계대비라 한다. 명도가 높은 부분과 닿아 있는 부분은 어둡게 보이고, 명도가 낮은 부분과 닿아 있는 부분은 밝게 보인다.

⑥ **면적대비** : 같은 색도 면적의 크고 작음에 따라 명도와 채도가 다르게 보이는 현상이다. 큰 면 적의 색은 실제 색보다 명도와 채도가 높아 보이므로 밝고 선명하게 보이지만, 작은 면적의 색은 실제보다 명도와 채도가 낮아 보인다.

색의 대비

색상대비

명도대비

채도대비

보색대비

연변대비

면적대비

2 색의 동화

　동화 현상이란 대비 현상과 반대로 인접한 색의 영향으로 인접색에 가까운 색으로 변해보이는 현상을 말한다. 동화 현상은 크기, 거리와 관계가 있다. 가까이서 보면 점인 부분이 멀리서 보면 혼합되어 한 색으로 보이는 것도 동화 현상 중 하나이다.

① 색상동화 : 노란 무늬가 있는 빨간 바탕은 노란 기가 있는 빨강으로 보이고, 파란 무늬가 있는 빨간 바탕은 파란 기가 있는 빨강으로 보인다.

② 명도동화 : 흰 무늬가 있는 회색 바탕은 더 밝아 보이고, 검은 무늬가 있는 회색 바탕은 더 어둡게 보인다.

③ 채도동화 : 회색 무늬가 있는 중채도의 빨간 바탕은 칙칙하게 보이고, 고채도의 빨간 무늬가 있는 중채도의 빨간 바탕은 더 선명하게 보인다.

■ 색상동화 ■

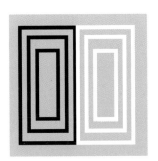
■ 명도동화 ■

■ 채도동화 ■

4 색채의 감정 효과

1 온도감

　온도감은 색의 3속성 가운데 색상의 영향을 가장 많이 받는다. 빨강, 주황, 노랑 같은 색들은 따뜻하게 느껴져 난색(Warm color)이라 하고, 파랑, 하늘색, 남색은 차갑게 느껴져 한색(Cool color)이라 한다. 연두, 초록, 보라, 자주와 같은 난색과 한색의 중간색은 중성색이라 불린다.

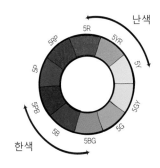

② 중량감

색은 무게감에도 영향을 미치는데, 명도가 가장 큰 영향을 미치며, 색상이나 채도에 의해서도 차이를 느낄 수 있다. 고명도의 색은 가벼워 보이고, 저명도의 색은 무거워 보인다.

③ 경연감

경연감이란 딱딱하고 부드럽게 느껴지는 감정으로 채도가 가장 큰 영향을 미치며, 명도와 색상에 의해서도 차이를 느낄 수 있다. 명도가 높으면서 채도가 낮은 색은 부드럽게 느껴지고, 저명도·저채도의 색은 딱딱하게 느껴진다.

④ 흥분색과 진정색

붉은색 계열은 활기찬 기분을 느끼게 하고 흥분시키는 반면, 푸른색 계통은 차분한 감정을 갖게 한다.

⑤ 진출색과 후퇴색

진출색은 다른 색보다 앞으로 나와 보이는 색으로 밝은 색이 어두운 색보다, 따뜻한 색이 차가운 색보다 더 진출해 보이는 느낌을 준다. 또한 채도가 낮은 색보다 높은 색이, 무채색보다 유채색이 진출해 보인다.

후퇴색은 멀어 보이는 색이다. 차가운 색, 어두운 색, 무채색이 더 후퇴해 보인다.

⑥ 팽창색과 수축색

실제보다 크게 보이는 색을 팽창색이라 한다. 같은 사이즈라도 명도가 높은 밝은 색은 커 보이고, 명도가 낮은 색들은 더 작게 보인다. 또한, 난색이 한색보다 팽창되어 보인다.

수축색은 팽창색과 반대로 실제 면적보다 작아 보이는 성향의 색이다. 한색, 저명도, 저채도의 색이 수축색에 해당하며, 후퇴색과 비슷한 성향을 가진다.

■ 진출색과 팽창색 ■

■ 후퇴색과 수축색 ■

⑦ 주목성

눈에 잘 띄어 시선을 끄는 힘을 주목성이라 한다. 일반적으로 무채색보다는 유채색이, 한색보다는 난색이, 저채도 색보다는 고채도 색이 주목성이 큰 편에 속한다. 특히 빨강, 주황, 노랑과 같이 고명도·고채도의 난색 계열이 주목성이 높아 교통신호등이나 표지판 등 주목되어야 할 곳에 사용된다.

■ 주목성이 높은 색 ■

⑧ 명시성

물체가 뚜렷하게 잘 보이는 정도를 명시성 또는 시인성이라고 한다. 배경색과 글자색의 명도 차가 크면 명시도를 높일 수 있으며, 명시성이 가장 큰 배색은 검정과 노랑의 배색이다.

■ 명시성이 높은 노랑 · 검정 배색 ■

색채 연상

특정 색채를 보았을 때 그 색에 관한 인상을 기억하거나 어떤 사물이나 느낌을 떠올리는 것을 색채 연상이라 한다.

색	구체적 연상	추상적 연상
빨강	불, 피, 태양, 장미, 입술	위험, 분노, 열정, 자극, 금지, 욕구
주황	오렌지, 귤, 감, 호박	적극, 희열, 건강, 식욕
노랑	병아리, 레몬, 개나리, 바나나	경고, 유쾌, 희망, 질투
초록	풀, 산, 나뭇잎, 잔디, 완두콩	평화, 고요, 안전, 신선함
파랑	바다, 하늘, 호수, 여름	시원함, 차가움, 우울, 냉정, 추위
보라	포도, 라벤더, 라일락	고귀함, 우아, 신비, 외로움
흰색	눈, 설탕, 솜, 백합	청결, 순수, 순결, 밝음
회색	구름, 쥐, 먼지, 안개, 재	우울, 중성, 무기력, 소극적
검정	밤, 연탄, 까마귀, 흑발	죽음, 허무, 절망, 암흑, 정지

한국의 전통색

한국의 전통색은 고대 중국에서 시작되어 동양 문화권을 지배해 온 음양오행사상을 기본으로 한다. 음양이라는 글자는 해와 그늘을 의미하나, 우주의 원리 또는 우주의 삼라만상의 발생 논리로 그 의미가 확대되어 발전하였다. 오행은 목(木), 화(火), 금(金), 수(水), 토(土)를 의미하며 모든 사물과 현상, 색 등을 오행에 대입해서 설명한다.

오정색(五正色)은 양(陽)의 색으로 방위를 나타낸다하여 오방색으로 불리기도 하며, 적(赤)색, 청(淸)색, 황(黃)색, 백(白)색, 흑(黑)색이 있다. 오간색(五間色)은 오정색 사이의 색으로 녹(綠)색, 자(紫)색, 홍(紅)색, 벽(碧)색, 유황(硫黃)색이 있다.

오행	계절	방향	오정색	오간색	사신	신체	맛	오륜
목	봄	동	청	녹	청룡	간장	신맛	인
화	여름	남	적	홍	주작	심장	쓴맛	예
금	가을	서	백	벽	백호	폐	매운맛	의
수	겨울	북	흑	자	현무	신장	짠맛	지
토	토용	중앙	황	유황	황룡	위장	단맛	신

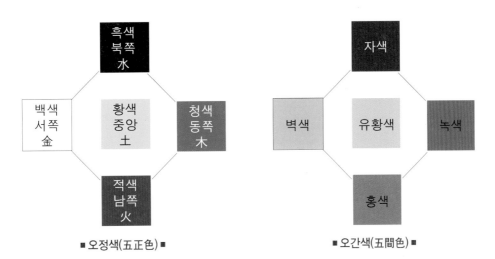

■ 오정색(五正色) ■   ■ 오간색(五間色) ■

CHAPTER

02

색 체계와
색채조화론

색 체계

색을 표시하는 방법은 물리적인 측면에서의 빛을 기준으로 색을 표시하는 혼색계(CIE 표준색체계 등)와 색지각의 3속성에 의해 정량적으로 분류하여 표시하는 현색계(먼셀 색 체계, 오스트발트 색 체계, NCS 등)로 크게 나눌 수 있다.

1 먼셀 색 체계

미국의 화가이자 색채연구가인 먼셀(Albert H. Munsell, 1858~1919)에 의해 1905년에 창안되었고, 1931년 CIE와 1943년 미국 광학회 측색위원회의 수정(수정 먼셀 색 체계)을 거쳐 현재 ISO 국제표준 색 체계이다. 1964년에 제작된 우리나라의 한국산업표준(KS A 0062)은 먼셀 색 체계를 기준으로 제작되었다.

먼셀 색 체계는 색을 3속성인 H(Hue, 색상), V(Value, 명도), C(Chroma, 채도)의 순서대로 기호화해서 표시한다.

색상(H), 명도(V), 채도(C)순으로 HV/C로 축약해서 표시
HV/C ⇨ 색상 명도 / 채도 예 5R 5/10

색상, 명도, 채도를 알아보기 쉽도록 3차원 형태로 구성한 입체 모형이다. 색상이 색입체를 둘러싸고 있으며 색입체에 가장 바깥쪽에 순색이 위치한다. 중심축은 명도를 나타낸다.

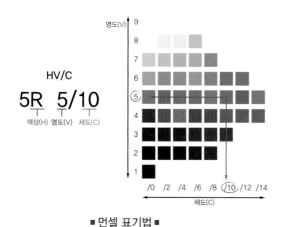

■ 먼셀 표기법 ■

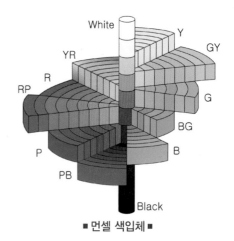

■ 먼셀 색입체 ■

① 색상(H, Hue)

빨강(R), 노랑(Y), 녹색(G), 파랑(B), 보라(P)의 5가지 주요색상에 주황(YR), 연두(GY), 청록
(BG), 남색(PB), 자주(RP)의 5가지 중간색을 삽입한 10개의 기본색상을 고리모양으로 배치하고
각각 10등분하여 척도화했다. 이와 같이 R부터 RP까지 분할하면 100 색상이 된다.

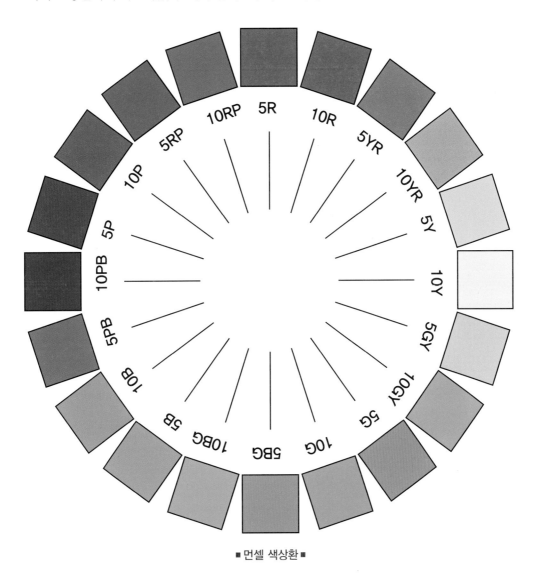

■ 먼셀 색상환 ■

② 명도(V, Value)

　무채색을 기준으로 모든 빛을 흡수하는 이상적인 검정을 0으로, 모든 빛을 반사하는 이상적인 흰색을 10으로 해서 11단계로 분할하였는데, 이상적인 흰색과 검정은 색료로 표현할 수 없기 때문에 색표에는 흰색을 9.5, 검정은 1.5로 하여 10단계로 설정하고 있다. 번호가 클수록 명도가 높고, 작을수록 명도가 낮다. 명도 단계의 축은 검정과 흰색 사이에 무채색인 회색이 포함되어 있어 그레이 스케일(Gray scale)이라 하며, 중성색(Neutral)의 머리글자를 붙여서 N1, N2, N3, N4, … 로 표시하고, 유채색을 포함한 명도의 판정기준에 사용한다.

③ 채도(C, Chroma)

　색을 느끼는 색의 강약이며 선명도를 나타낸다. 먼셀 색 체계에서 채도는 무채색 축으로부터 지각적으로 등 간격이 되도록 배열되어 있기 때문에 최고 채도는 색상에 따라 달라지며, 이로 인해 색입체는 무채색 축 방향에서 보면 원형이 되지 않는다.

먼셀 10 색상환

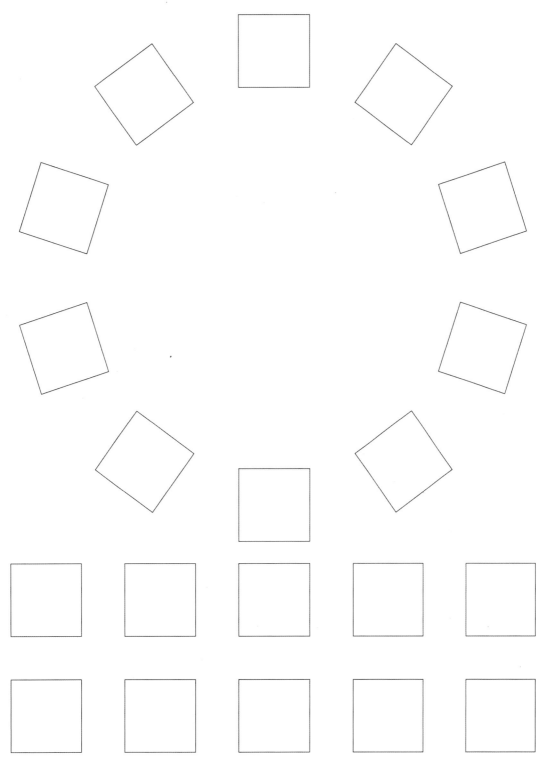

명도 그라데이션

위 칸은 10단계의 무채색 색종이를 붙이고, 이래 칸은 흰색과 검정을 사용한 조색 실습으로 그레이스케일(Grayscale)을 제작한다.

N9.5	N9	N8	N7	N6	N5	N4	N3	N2	N1.5

채도

왼쪽 끝은 무채색, 오른쪽 끝은 비비드 톤의 해당 색을 칠한다. 그리고 중간색을 제작하여 채도 변화를 실습한다.

N9.5					R/vv

N8					Y/vv

2 오스트발트 색 체계

독일 화학자 오스트발트(Friedrich Wilhelm Ostwald, 1853~1932)가 1919년 고안한 체계로, 실제 색표화된 것은 1923년 오스트발트 색채 아트라스(Ostwald Farbnormen Atras)부터이다. 먼셀의 색의 3속성과는 달리, 흰색(W), 검은색(B), 순색(C)을 3가지 기본 색채로 하고 기본색의 혼합량의 비율에 따라 물체의 표면색을 정량적으로 표시하는 방법이다.

헤링의 4원색설을 기준으로 노랑(Yellow) – 파랑(Ultramarine blue), 빨강(Red) – 초록(Sea green)을 기본색으로 하고, 그 중간에 주황(Orange), 청록(Turquoise), 보라(Purple), 연두(Leaf green)의 4색을 넣어 각각을 3등분한 24색상으로 보색 색상환을 만들었다.

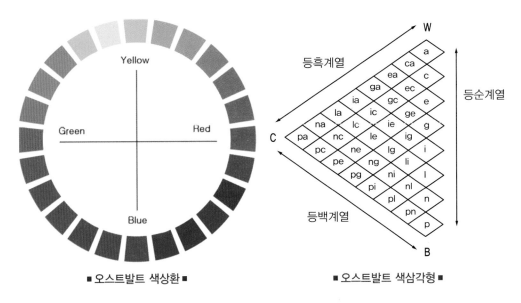

■ 오스트발트 색상환 ■   ■ 오스트발트 색삼각형 ■

무채색 : W + B = 100(%)
유채색 : W + B + C = 100(%)

혼합량의 비율에 따라 흰색량이 같은 배열의 줄에 있는 색들을 등백 계열, 검은색량이 같은 배열의 줄에 있는 색들을 등흑 계열, 순색량이 같은 배열의 줄에 있는 색들을 등순 계열이라고 한다.

3 NCS(Natuaral Color System) 색 체계

1979년 스웨덴 색채연구소 개발되어 스웨덴, 노르웨이 등 유럽 몇몇 국가에서 국제표준색 체계로 채택하여 사용하고 있다. NCS는 색채를 순수한 심리현상으로 보고, 심리적 척도에 근거하여 인간의 지각량을 기술하고 있어 색의 지각량을 문제로 하는 색채심리, 건축, 디자인 등의 분야에서 널리 사용된다. 헤링의 4원색 이론에 기초하여 색상을 노랑(Y), 파랑(B), 초록(G), 빨강(R)의 네 가지 색상에 흰색(W)과 검은색(B)을 포함하여 6개 기본 색상으로 위에서 아래로 흰색과 검은색을 배치하고, 삼각형의 꼭지점에 각 유채색의 최고 순도를 뜻하는 C를 표기 한다. 색상 이외의 색 속성인 뉘앙스(Nuance = Tone)의 개념은 백색도(W), 흑색도(S), 순색도(포화도, C)의 합(W + S + C)으로 표현된다. NCS의 색상 삼각형은 백색도와 순색도, 또는 흑색도와 순색도의 위치가 같은 색은 어떤 색상이든지 모두 톤(뉘앙스)이 같도록 설계되어 있다.

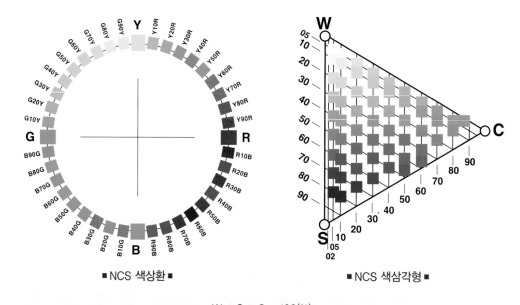

■ NCS 색상환 ■   ■ NCS 색삼각형 ■

W + S + C = 100(%)
무채색 : 흰색은 0500-N, 검정색은 9000-N
유채색 : S2030-Y90R 검정 20%, 유채색 30%, 90%의 빨간 색도를 지닌 노란색

4 KS 색 체계

한국산업규격(KS)에서 1964년 처음 지정된 **KS** 물체색의 색명(KS A 0011)은 몇 번의 개정을 거쳐 현재 2015년 개정판이 사용되고 있다. **KS** 색명법은 관용색과 계통색 모두를 사용한다.

관용색명은 오래 전부터 습관적으로 사용하는 색명으로 금색, 은색, 포도색, 당근색, 나일 블루 등과 같이 동식물, 광물, 지역, 장소 등에서 유래한 이름이 많다. 계통색명은 빨강, 노랑, 파랑과 같은 기본색과 톤을 사용하여 붙인 이름으로, **KS**에서 지정한 기본색은 총 15색으로 빨강(R), 주황(YR), 노랑(Y), 연두(GY), 초록(G), 청록(BG), 파랑(B), 남색(PB), 보라(P), 자주(RP), 분홍(Pk), 갈색(Br)의 유채색 12색과 흰색(Wh), 회색(Gy), 검정(Bk)의 무채색 3색으로 구성된다. 톤(Tone, 색조)은 명도와 채도의 복합 개념으로, 색의 느낌을 형용사 언어로 표현한 것이다. **KS**의 톤은 선명한(vivid, vv), 밝은(light, lt), 연한(pale, pl), 흰(whitish, wh), 기본, 흐린(soft, sf), 밝은 회(light grayish, ltgy), 탁한(dull, dl), 회(grayish, gy), 어두운 회(dark grayish, dkay), 진한(deep, dp), 어두운(dark, dk), 검은(blackish, bk)으로 분류된다.

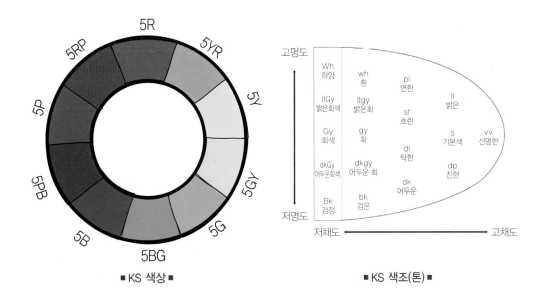

■ KS 색상 ■   ■ KS 색조(톤) ■

빨강	주황	노랑	연두	초록	청록	파랑	남색	보라	자주	분홍	갈색	하양	회색	검정

Hue / Tone	빨강 R	주황 YR	노랑 Y	연두 GY	초록 G	청록 BG	파랑 B	남색 PB	보라 P	자주 RP
기준색										
vv 선명한										
dp 진한										
dk 어두운										
dl 탁한										
sf 흐린										
lt 밝은										
pl 연한										
wh 흰										
ltgy 밝은회										
gy 회										
dkgy 어두운회										
bk 검은										

Neutral	Color
N 9.5	
N 9	
N 8	
N 7	
N 6	
N 5	
N 4	
N 3	
N 2	
N 1.5	

■ KS 표준색 색 체계 155 ■

색명에 의한 분류

색명이란 색의 이름으로 정확한 전달을 목적으로 한다. 일반적으로 색명은 기본색명, 관용색명, 일반색명으로 나눌 수 있다.

1 기본색명

특별한 사물이나 이미지를 연상시키지 않는 색명이다. 한국산업규격(KS A 0011)에는 기본색명으로 유채색은 빨강, 주황, 노랑, 연두, 초록, 청록, 남색, 보라, 자주, 분홍, 갈색의 12색과 무채색은 하양, 회색, 검정의 3색이 규정되어 있다.

기본색 이름		영문	영문약자
유채색	빨강	Red	R
	주황	Yellow Red	YR
	노랑	Yellow	Y
	연두	Green Yellow	GY
	초록	Green	G
	청록	Blue Green	BG
	파랑	Blue	B
	남색	Purple Blue	PB
	보라	Purple	P
	자주	Red Purple	RP
	분홍	Pink	Pk
	갈색	Brown	Br
무채색	하양	White	Wh
	회색	Gray	Gy
	검정	Black	Bk

2 관용색명

옛날부터 습관적으로 사용되는 색명으로 자주 사용되고 많은 사람들이 색을 연상할 수 있는 색명이다. 지식이나 경험에 근거한 어휘로 표현하기 때문에 동물, 식물, 광물, 자연 현상, 지명 (地名), 인명(人名) 등의 이름을 인용한 색명이다. 유행색명도 관용색명의 일종으로 볼 수 있다.

유래	관용색명
고유색명	검정, 하양, 빨강, 노랑, 파랑, 보라 흑(黑), 백(白), 홍(紅), 황(黃), 녹(綠), 청(靑), 자(紫)
동물 이름	쥐색(灰色), 버프(Buff, 송아지의 살색), 살먼(Salmon, 연어의 살색) 세피아(Sepia, 오징어에서 채취), 피콕(Peacock, 공작 꼬리의 색) 등
식물 이름	복숭아색, 살구색, 팥색, 밤색(Maroon), 풀색, 오렌지(Orange) 로즈(Rose), 레몬옐로우(Lemon yellow) 등
광물이나 원료의 이름	금색, 은색, 고동색(古銅色), 호박(琥珀)색, 진사(辰砂), 주사(朱砂), 철사(鐵砂), 코발트블루(Cobalt blue) 크롬옐로우(Chrome yellow), 에메랄드그린(Emerald green) 맬러카이트그린(Malachite green), 오커(Ochre) 등
지명이나 인명	푸르시안블루(Prussian blue), 하바나브라운(Havana brown) 보르도(Bordeaux), 반다이크브라운(Vandyke brown) 등
자연 현상	하늘색, 땅색, 바다색, 눈(雪)색, 무지개색 등
음식 이름	커피색, 계란색, 우유색, 초콜릿색 등
현대의 유행어	국방색, 카키색, 미색, 베이지색 등

3 일반색명(계통색명)

기본색명에 색상, 명도, 채도에 대한 각각의 수식어를 붙여 사용하는 색 이름으로 감성적으로 이해하기 쉽게 형용사를 붙여 부르는 것이다.

	수식 형용사	영문	영문 약자
색상	빨간(적)	Reddish	r
	노란(황)	Yellowish	y
	초록빛(녹)	Greenish	g
	파란(청)	Bluish	b
	보랏빛	Purplish	p
	자줏빛(자)	Red-purplish	rp
	분홍빛	Pinkish	pk
	갈	Brownish	br
톤	선명한	vivid	vv
	진한	deep	dp
	어두운	dark	dk
	탁한	dull	dl
	흐린	soft	sf
	밝은	light	lt
	연한	pale	pl
	흰	whitish	wh
	밝은 회	light grayish	ltgy
	회	grayish	gy
	어두운 회	dark grayish	dkgy
	검은(흑)	blackish	bk

※ 기본은 수식어를 쓰지 않고 기본색 이름 및 조합색 이름으로만 나타낸다.

색채조화론

색채조화(Color harmony)란 조형의 기본 요소인 선, 형태, 색채가 잘 어울리는 것을 말하며, 그 중에서도 색채가 가장 중요하다. 두 색 이상의 배색으로 색채에 있어서 전체적인 미적원리(통일, 변화, 균형, 강조 등)를 이해하고 배색에 적용하는 것이 중요하다.

1 색채조화의 공통 원리

질서, 명료성, 동류, 유사, 대비의 원리 등으로 색상·명도·채도별로 적절히 결합하여 조화를 이룬다. 동색상과 유사색상의 조화는 변화가 작으므로 명도, 채도차를 둠으로써 대비 효과를 주고, 대비조화에 있어서 순색끼리의 배색은 너무 강렬하므로 명도를 높이거나 채도를 낮추어서 조화시킨다. 무채색은 거의 모든 색과 조화되므로 그것을 유채색과 적당히 배색하여 조화 효과를 높일 수 있다.

1 질서의 원리(Principle of order)
색채의 조화는 의식할 수 있으며, 효과적인 반응을 일으키는 질서 있는 계획에 따라 선택된 색채들에서 생긴다.

2 명료성의 원리(Principle of unambiguity)
색채조화는 두 색 이상의 배색에 있어서 애매하지 않고 명료한 배색에서만 얻어진다.

3 동류의 원리(Principle of familiarity)
가장 가까운 색채들의 배색은 보는 사람에게 친근감을 주며 조화를 느끼게 한다.

4 유사의 원리(Principle of similarity)
배색된 채색들이 서로 공통되는 상태와 속성을 가질 때, 그 색채군은 조화된다.

5 대비의 원리(Principle of contrast)
배색된 색채들의 상태와 속성이 서로 반대되면서도 모호한 점이 없을 때 조화된다.

2 슈브롤(Michel Eugène Chevreul, 1786~1889)의 색채조화론

1839년 『색의 조화와 대비의 법칙』에서 발표한 색채조화론은 입체적 색 공간을 전제로 현대 조화론의 기초를 이루었다. 그는 3속성에 바탕을 둔 색채 체계를 만들었으며, 색상과 톤에 의한 조화의 개념을 도입하여 "색채조화는 유사성의 조화와 대조에서 이루어진다."라고 주장하였다.

1 유사 조화

① 스케일의 조화 (동일 색상, 다른 톤의 조화)

　단일 스케일 위에서 톤이 다른 색 끼리 사용했을 때 조화를 이룬다.

② 색상의 조화 (유사 색상 - 유사톤의 조화)

　근접한 스케일 위에서 동일 톤 또는 유사 톤끼리의 색은 조화를 이룬다.

③ 주조색의 조화

　여러 가지 색상과 명도의 색들이 지배적인 색조를 이룰 때 느낄 수 있는 조화이다.

2 대비 조화

① 스케일 대비의 조화 (동일 색상 - 대조톤의 조화)

　동일 스케일 위에서 톤의 차이가 큰 색끼리는 조화를 이룬다.

② 색상 대비의 조화 (인접 색상 - 대조톤의 조화)

　인접한 스케일 위에서의 톤의 차이가 큰 색을 사용하면 조화를 느낄 수 있다.

③ 색채 대비의 조화 (대조 색상 - 대조톤의 조화)

　스케일과 톤의 차지가 모두 클 때, 조화미를 느낄 수 있다.

3 저드(D. b. judd, 1900~1972)의 색채조화론

1955년 발표한 논문에서 "색채조화는 개인의 취향에 관한 문제로 낡은 배색보다는 새로운 배색을 원하며, 평소 무관심했던 색의 배합도 반복해서 보는 사이에 마음에 들게 되는 경우도 있다"라고 하였다. 색채조화의 원리 중에서 가장 보편적이며 공통적으로 적용할 수 있다.

1 질서의 원리

등간격성으로 이루어지는 질서 있는, 또는 단순한 기하학적 관계에 의해 선택된 배색은 조화를 이룬다.

2 친근성의 원리

보통 친숙한 색의 조합은 쉽게 익숙해진다. 예를 들면 자연계에서 볼 수 있는 색의 변화나 그 유기적 연쇄에 대한 배색은 조화롭다.

③ 유사성의 원리

구성된 배색 사이에서 어떤 공통성이나 유사성을 가지고 있는 배색끼리는 조화를 이룬다.

④ 명료성의 원리

색의 3속성이나 면적 등의 차이가 모호하지 않고 명료하게 보이는 배색은 조화를 이룬다.

4 비렌(Faber Biren, 1900~1988)의 색채조화론

미국의 색채학자 파버 비렌은 제품, 환경의 색채 등 색채 응용분야의 뛰어난 이론가이다. 색채의 지각은 카메라와 같이 자극의 대한 단순 반응이 아니라 정신적 반응에 지배된다고 보고, 색삼각형을 작도하여 순색 자리에 시각적, 심리학적 순색을 놓고 하양과 검정을 삼각형의 각 꼭지점에 놓아 오스트발트 색채 체계 이론을 실용화하였다.

비렌의 색삼각형(Birren color triangle)에서는 색채의 미적 효과를 나타내고 있는데 순색(Color), 흰색(White), 검정(Black)의 기본 3색과 4개의 색조군, 즉 흰색과 검정이 합쳐진 회색조(Gray), 순색과 흰색이 합쳐진 밝은 색조(Tint), 순색과 검정이 합쳐진 어두운 농담(Shade), 순색과 흰색 그리고 검정이 합쳐진 톤(Tone) 등 7개의 용어가 사용된다.

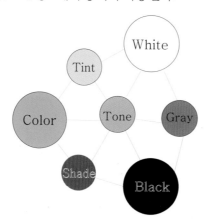

■ 파버 비렌의 색삼각형(1969) ■

① White + Tint + Color

자연이 만든 꽃 등에서 흔히 볼 수 있는 조화이다. 인상주의, 후기인상파 등은 이 조화법을 그림에서 많이 사용하고 있다. 밝고 화사함이 있다.

2 White + Gray + Black

명도의 연속으로 안정적인 디자인을 할 수 있으며 검정은 무겁게, 흰색은 가볍게 보인다.

3 Color + Shade + Black

색채의 깊이와 풍부함이 있다. 렘브란트와 같은 많은 거장들이 이러한 조화를 사용하여 작품을 시도하였다.

4 White + Color + Black

색채조화의 기본구조로 모두 조화를 이룬다.

5 Tint + Tone + Shade

명암법으로 색삼각형에서 가장 세련되고 감동적이다. 이 방법은 레오나르도 다빈치에 의해 시도되었고, 오스트발트는 음영계열(Shadow series)이라고 하였다.

6 Tint + Tone + Shade + Gray

색채조화의 기본색 3개와 2차색 또한 조화를 이룬다.

7 White + Tone + Shade

8 Tint + Tone + Black

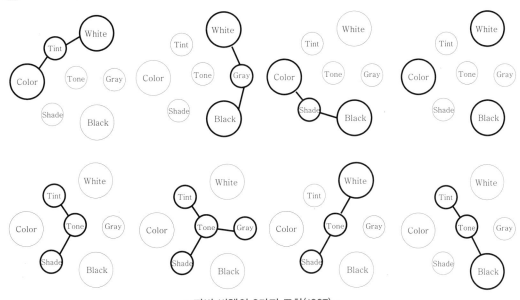

■ 파버 비렌의 8가지 조화(1937) ■

CHAPTER

03

톤과 이미지 배색

톤(Tone)의 개념

톤은 3속성 중에서 명도와 채도를 복합시킨 개념으로 색의 명암, 강약, 농담 등 색조를 말한다. 색조(色調)는 원래 음조의 뜻이었으나 미술에서는 명암, 농담 등 색채의 명도와 강도 등을 의미한다. 적색조, 청색조, 또는 한색조, 명암조 등 색깔의 차이에 대해서도 사용한다.

톤의 체계는 물리적 색 체계와는 다른 심리적 색 체계로 같은 톤의 색은 색상이 바뀌어도 그 감정효과는 동일하기 때문에, 색의 이미지를 표현한다든지 배색을 고려한다든지 색명을 보다 정확하게 전달할 때 톤을 사용하면 적합하다.

한국산업표준(KS A 0011)으로 정의한 **KS** 톤 분류체계는 13가지 색조(tone)와 15가지 기본컬러, 10단계의 무채색으로 구성되어 있다.

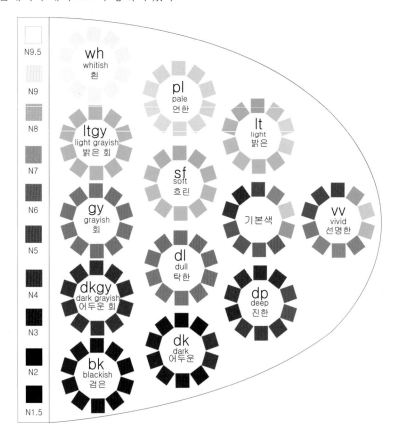

빨강	주황	노랑	연두	초록	청록	파랑	남색	보라	자주	분홍	갈색	하양	회색	검정
7.5R 4/14	2.5YR 6/14	5Y 8.5/12	7.5GY 7/10	2.5G 4/10	10BG 3/8	2.5B 4/10	7.5PB 2/6	5P 3/10	7.5RP 3/10	10RP 7/8	5YR 4/8	N9.5	N5	N1.5

■ KS 톤 분류체계 ■

1 비비드(vivid, 선명한)

중명도, 고채도의 원색, 선명한 톤으로 강렬하고 자극적이며 화려한 이미지를 준다. 기업의 CI나 BI 이미지에 많이 사용되며, 시인성이 높아 마케팅에 주로 사용된다. 스포티, 캐주얼, 다이내믹 이미지 표현에 활용된다.

2 기본색

비비드 톤에 중명도의 회색을 약간 섞어 채도를 조금 낮춘 톤으로 선명하기보다는 탁한 느낌의 강한 이미지를 가지고 있다. 강렬하고 역동적인 표현의 스포츠나 색감이 풍부한 민속풍의 화려한 이미지에 사용한다.

3 라이트(light, 밝은)

비비드 톤에 흰색을 소량 섞어 만든 톤으로 밝고 맑다. 페일 톤보다 채도가 높아 젊고 발랄한 이미지에 적합하다. 밝고 화려한 포멀 웨어나 유아나 아동의 귀엽고 캐주얼한 느낌에 주로 사용한다.

4 페일(pale, 연한)

비비드 톤에 약 6배의 흰색을 섞어 만든 부드럽고 가벼운 톤이다. 여성스럽고 맑은 이미지를 표현하는데 활용된다. 로맨틱하고 연약한 이미지로 여성스러운 페미닌룩에 어울린다.

5 소프트(soft, 흐린)

중명도, 중채도로 은은하고 수수한 톤이다. 차분하고 편안한 내추럴 이미지나 은은하고 온화한 이미지에 주로 사용된다.

6 덜(dull, 탁한)

비비드 톤에 회색을 가미한 바랜 듯하고 가라앉은 톤으로 차분하고 격식 있는 이미지이다. 오래된 가구, 자연소재의 고풍스러운 이미지를 지니고 있어 노블하고 고상한 이미지에 활용된다.

7 딥(deep, 진한)

비비드 톤에 검정이 약간 섞인 톤이다. 자극이 강한 비비드에 비해서 명도와 채도가 낮아 깊고 짙은 톤으로 침착하고 중후하며 고급스러운 이미지를 나타낸다. 고저스하거나 클래식한 이미지를 표현할 때 효과적이다.

8 화이티시(whitish, 흰)

비비드 톤에 약 10배의 흰색을 섞어 만들어 흰색이 주를 이루는 가장 밝고 부드러운 톤이다. 어린아이와 같이 순수하고 맑고 연약한 이미지를 주므로 유아복이나 로맨틱한 여성복에 많이 사용된다.

9 **라이트 그레이시**(light grayish, 밝은회)

비비드에 밝은 회색을 가미되어 탁하고 흐린 이미지를 가진다. 은은하고 수수한 이미지로 도시적인 세련미의 시크나 자연스럽고 안정된 내추럴한 이미지에 사용된다.

10 **그레이시**(grayish, 회)

비비드에 회색을 가미하여 중명도의 탁한 톤이다. 차분하고 수수한 이미지를 주어 낡은 듯한 자연스러움도 있지만 지적이고 세련된 시크한 이미지로 소피스티케이트(세련된) 스타일을 잘 표현할 수 있다.

11 **다크**(dark, 어두운)

전체적으로 검정이 많이 가미되어 저채도의 어둡고 무거운 느낌을 지닌다. 색상이 적어 화려함이 없으며, 클래식이나 매니시, 모던한 이미지에 적합하다.

12 **다크 그레이시**(dark grayish, 어두운회)

거의 검정에 가까운 명도가 아주 낮고 어둡고 짙은 톤이다. 검정에 가깝지만 검정과는 분위기가 다른 중후하고 엄숙하며 미묘한 신비감을 지니고 있다.

13 **블래키시**(blackish, 검은)

명도와 채도가 낮으며 검정에 가까운 색으로 무게감이 느껴지는 톤이다.

배색(配色)은 두 가지 이상의 색상을 잘 어울리도록 배치하는 것으로 질서와 균형 감각이 중요하다. 색채는 그 색이 가지고 있는 고유의 이미지나 성격이 있는데, 배색에 따라 온화하거나 여성스러운 느낌, 혹은 무겁고 중후한 느낌 등 그 고유색의 이미지만이 아닌 다양한 느낌을 줄 수 있다. 유사배색은 전체적으로 통일된 분위기와 조용하고 온화하며 차분하고 안정된 이미지, 반대배색은 강력하고 쾌적하며 생생한 이미지를 준다. 배색의 종류로는 색상, 명도, 채도에 따른 배색이 있다.

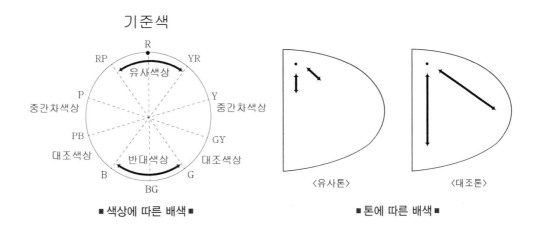

■ 색상에 따른 배색 ■　　　　　■ 톤에 따른 배색 ■

1 색상 기준 배색

1 동일색상 배색

기준색과 같은 색상이면서 명도나 채도 차이를 둔 배색이다. 통일감과 부드럽고 은은한 느낌을 주며, 톤 차이가 크면 명쾌함을 준다.

② 유사색상 배색

색상환에서 기준색 바로 옆에 근접한 색상과의 배색을 말한다. 친근하고 즐거운 느낌을 주며 온화함을 느낄 수 있다.

③ 반대색상 배색

색상환에서 거리가 멀거나 보색 관계에 있는 색상 간의 배색을 말한다. 강한 대비로 화려하고 자극적인 생동감을 느낄 수 있다.

2 톤 기준 배색

① 동일 톤 배색

색상이 서로 다르지만 동일한 톤의 색상과의 배색이다. 통일감과 일관성이 느껴지는 배색이다.

② 유사 톤 배색

바로 인접해 있는 톤의 배색을 말한다. 전체적으로 안정감과 차분한 느낌을 줄 수 있다.

③ **대조 톤 배색**

멀리 떨어져 있는 톤의 배색을 말한다. 강하고 명쾌한 느낌과 자극적인 느낌을 줄 수 있다.

3 배색의 응용

① **톤온톤**(Tone On Tone) **배색**

톤을 중첩시킨 배색이라는 의미로 동일색상에서 톤을 변화시키는 배색이다.

② **톤인톤**(Tone In Tone) **배색**

색상에 차이를 주면서 톤은 같거나 유사하게 배색한다. 온화하고 부드러운 효과를 준다.

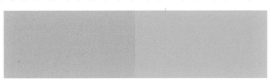

③ **토널**(Tonal) **배색**

톤인톤 배색과 비슷하며 중명도, 중채도의 다양한 색상을 이용한다. 안정되고 편안한 느낌을 준다.

4 까마이외(Camaieu) 배색

동일한 색상에서 약간의 톤 차이를 이용한 배색 방법이다. 색의 차이는 미묘하나 부드럽고 안정된 분위기를 준다. 톤온톤 배색과 비슷하나 톤 변화의 폭이 매우 작다.

5 포까마이외(Faux Camaieu) 배색

까마이외 배색과 비슷하나 색상과 톤에 약간의 변화를 더 줌으로써 편안함과 부드러움, 고상한 느낌을 준다. 포(Faux)는 불어로 모조품 또는 가짜라는 의미를 지닌다.

6 다색상(Multi Color) 배색

고채도의 다양한 색상 배색으로 적극적이고 활동적인 느낌을 주고, 귀여움, 화려함을 표현하기 쉽다.

7 레피티션(Repetition) 배색

'반복한다'는 의미로 두 색 이상을 사용해서 일정한 질서에 기초한 조화를 부여함으로써 통일감이나 율동감, 리듬감을 줄 수 있다.

8 비콜로(Bicolore) 배색

2색 배색으로 흰색과 비비드 톤 컬러의 사용으로 분명한 대비 효과와 단정한 느낌을 줄 수 있다.

9 트리콜로(Tricolore) 배색

3색 배색으로 색상이나 톤의 명확한 대조가 요구되며 흰색과 비비드 톤 컬러의 사용으로 강렬하고 안정감 높은 배색을 할 수 있다.

10 그라데이션(Gradation) 배색

3색 이상의 다색 배색에서 점진적 변화 기법을 사용한 배색으로 시각적인 유동성을 줄 수 있다. 색상이나 명도, 채도, 톤의 변화를 통해 배색을 할 수 있으며, 단계적인 순서성이 있기 때문에 자연스러운 흐름과 리듬감이 생긴다.

11 세퍼레이션(Separation) 배색

두 색의 대비가 지나칠 때 흰색, 회색, 검정 등의 무채색(분리색)을 삽입하여 조화를 이루게 할 수 있으며 유사한 경우엔 리듬감을 주게 된다.

⑫ 도미넌트(Dominant) 배색

'지배적인'이라는 뜻으로 색이나 형태, 질감 등의 공통된 조건으로 전체에 통일감을 주는 방법이다.

⑬ 악센트(Accent) 배색

단조로운 배색에 대조적인 색상이나 톤을 사용함으로써 강조점을 부각시키고 전체적인 밸런스를 맞춰 균형 있게 한다. 주조색과 강조색의 면적비는 약 7:3, 8:2 정도가 좋다.

색상과 톤의 배색

1. 색상 기준 배색

① 동일 색상 배색

RP/pl	RP/sf	RP/lt

② 유사 색상 배색

Y/lt	GY/lt	G/lt

③ 반대 색상 배색

YR/pl	B/lt	YR/lt

2. 톤 기준 배색

① 동일 톤 배색

RP/pl	B/pl	Y/pl

② 유사 톤 배색

RP/sf	B/pl	Y/sf

③ 대조 톤 배색

RP/dp	RP/pl	RP/dk

3. 배색의 응용

① 톤온톤(Tone On Tone) 배색

B/wh	B/pl	B/lt

② 톤인톤(Tone In Tone) 배색

P/sf	B/sf	G/sf

③ 토널(Tonal) 배색

R/dl	PB/dl	B/dl

④ 까마이외(Camaieu) 배색

Y/ltgy	Y/wh	Y/pl

⑤ 포 까마이외(Faux Camaieu) 배색

Y/wh	YR/wh	YR/pl

⑥ 다색상(Multi Color) 배색

Y/vv	GY/vv	P/vv

⑦ 레피티션(Repetition) 배색

GY/dp	Y/vv	GY/dp	Y/vv

⑧ 비콜로(Bicolore) 배색

N9.5	R/vv

⑨ 트리콜로(Tricolore) 배색

R/vv	N9.5	PB/vv

⑩ 그라데이션(Gradation) 배색

RP/wh	RP/sf	RP/dl

⑪ 세퍼레이션(Separation) 배색

P/dp	N8	RP/dp

⑫ 도미넌트(dominant) 배색

YR/ltgy	YR/gy	YR/bk

⑬ 악센트(Accent) 배색

Y/ltgy	YR/vv	Y/gy

1 이미지 스케일

1 형용사 이미지 스케일

　'형용사 이미지 공간'은 미국의 심리학자 오스굿에 의해 고안된 색채 이미지 평가 방법인 SD 법을 기준으로 I.R.I. 색채연구소에서 한국인을 대상으로 조사하였다. 형용사 이미지 스케일은 각각 세로축인 '부드러운(Soft), 딱딱한(Hard)', 가로축인 '동적인(Dynamic), 정적인(Static)'이 만드는 공간에서, 감성에 표현한 언어와 색채 배색이 갖는 이미지에 대한 공통된 느낌을 형용사로 표현하고, 그 위치를 설정하여 감성을 객관화한 것이다.

　컬러에 대한 이미지를 말할 때 '맑다' 혹은 '우아하다' 등의 형용사를 사용하는 데, 이렇듯 컬러와 이미지를 연결시켜주는 것이 형용사 이미지 스케일이다. 형용사 이미지 스케일에서 각각의 형용사들은 하나의 '점'으로 파악하기 보다는 그 형용사가 놓인 위치를 중심으로 그 의미가 넓어지고, 약해지기도 한다. 예를 들어 '우아한'의 경우, 그 형용사가 놓인 부분이 가장 우아한 느낌이고, 그 위치에서 점점 멀어지고 넓어질수록 그 느낌이 약해진다.

■ I.R.I. 형용사 이미지 스케일 ■

② 단색 이미지 스케일

모든 색이 가지고 있는 이미지 차이를 시각적으로 한 눈에 볼 수 있는 색채 감성 공간이다. 단색 이미지 스케일 안에서 각각의 색들은 '부드러운(Soft) – 딱딱한(Hard)', '동적인(Dynamic) – 정적인(Static)'이라는 두 축을 기준으로 각각의 위치를 갖고 있다.

이미지 스케일 상에서 가까운 거리에 위치한 색들은 비슷한 이미지를 가지며, 그 거리가 멀수록 이미지의 차이도 커진다. 한국인의 색채 감성 척도에서 난색은 주로 부드러운 쪽에, 한색은 딱딱한 쪽에 치우쳐 있다. 밝고 선명한 색조는 부드럽고 동적인 이미지 쪽에 가까우며, 어두운 색은 딱딱한 이미지에 가깝다. 어둡고 수수한 톤은 정적이고 딱딱한 이미지에, 엷고 탁한 톤은 부드럽고 정적인 이미지에 치우쳐 있다.

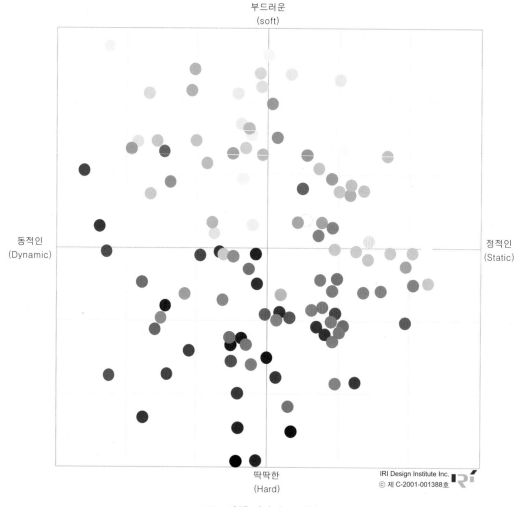

■ I.R.I. 단색 이미지 스케일 ■

3 배색 이미지 스케일

이미지의 미묘한 차이를 표현할 수 있는 최소의 기본 단위인 3색 배색을 이용하여 만들어졌으며, 단색 이미지 스케일과 마찬가지로 기본적인 두 축은 '부드러운 – 딱딱한', '동적인 – 정적인'으로 구성된다. 가로축은 채도에 따라 고채도, 난색 계열로 동적인 속성을 가진 배색에서 저채도, 한색 계열에 정적인 속성을 지닌 배색으로 이루어져 있고 세로축은 부드러운 고명도에서 딱딱한 저명도로 이루어져 있다. 비슷한 느낌의 배색끼리 묶어 각 그룹에 귀여운, 맑은, 화려한 등의 12개의 키워드를 부여한 후 몇 개의 그룹을 만들어서 배색이 가진 특징과 그 차이를 명확히 알 수 있다.

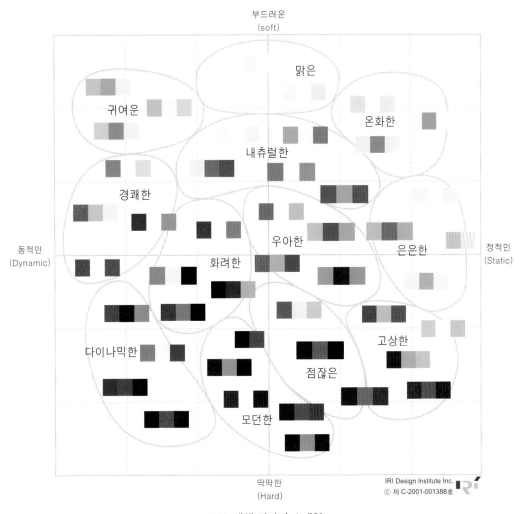

■ I.R.I. 배색 이미지 스케일 ■

2 형용사 이미지 배색

1 귀여운(Pretty)

이미지 언어로는 '사랑스러운, 아기자기한, 달콤한, 즐거운, 신선한, 쾌활한, 재미있는' 등이 있다.

귀여운 어린아이들의 천진난만한 밝은 이미지로 고명도, 고채도의 노랑, 빨강, 연두 등을 사용하고 핑크, 주황, 노랑과 같이 밝은 난색을 주로 사용하면 달콤한 배색이 된다. 또한 초록과 파랑을 사용하면 리듬감이 추가되며 주의를 집중시키는 효과도 있다. 톤은 비비드(vv), 라이트(lt), 페일(pl) 톤 등을 사용한다.

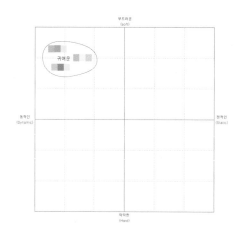

▶ 대표 색상

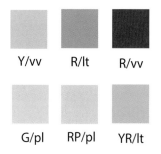

▶ 대표 톤

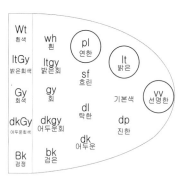

Y/vv	R/lt	YR/lt	R/vv	R/pl	G/pl	RP/pl	Y/pl

② 맑은(Pure)

이미지 언어로는 '부드러운, 가벼운, 깨끗한, 깔끔한, 투명한, 섬세한, 옅은' 등이 있다.

숲 속의 맑은 공기, 유리를 연상시키는 투명하고 상쾌한 이미지이다. 화이트에 가까운 밝은 고명도의 페일(pl), 화이티시(wh) 톤을 주로 사용하며 콘트라스트를 약하게 배색한다. 한색 계열의 차갑고 맑고 깨끗한 이미지와 함께 옅은 난색으로 표현되는 투명한 이미지도 포함한다.

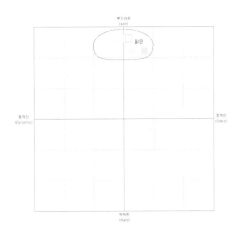

▶ 대표 색상　　　　　　　▶ 대표 톤

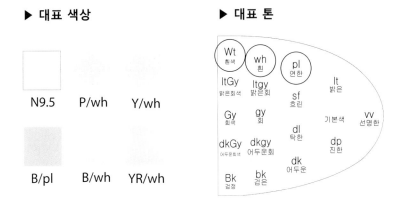

| N9.5 | P/wh | Y/wh |
| B/pl | B/wh | YR/wh |

P/wh	Y/wh	PB/wh	N9.5	YR/wh	GY/wh	B/wh	B/pl

3 **온화한**(Mild)

이미지 언어로는 '소박한, 따뜻한, 부드러운, 매끄러운, 약한, 유연한, 안정된, 순수한' 등이 있다.

따뜻한 온기가 느껴지는 차분하면서 부드러운 이미지이다. 고명도의 화이티시(wh) 톤과 함께 라이트 그레이시(ltgy) 톤이나 N8 등의 저채도를 사용하여 탁하고 차분하면서도 부드럽게 배색한다. 전체적으로 회색이나 흰색이 포함되어 편안하고 안정된 이미지를 가진다.

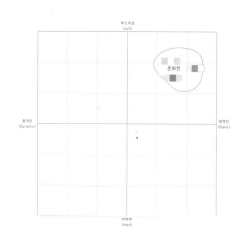

▶ 대표 색상	▶ 대표 톤
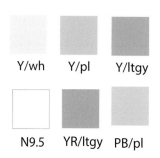	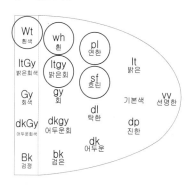

Y/wh	N8	PB/pl	Y/ltgy	B/wh	N9.5	Y/sf	Y/pl

4 은은한(Peaceful)

이미지 언어로는 '그윽한, 단정한, 정돈된, 심플한, 가지런한, 정적인' 등이 있다.

온화한 이미지보다 더욱 정적인 느낌으로 한국의 단아함과 시크(Chic) 이미지를 가지고 있다. 그레이시(gy) 톤을 주를 이루고 중명도, 저채도 위주의 색조를 이용하되 색의 제한 없이 차분하고 정돈된 느낌이 되도록 배색한다.

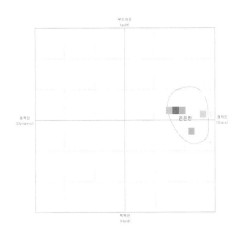

▶ **대표 색상**

▶ **대표 톤**

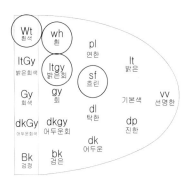

YR/ltgy	GY/wh	GY/wh	P/gy	N8	YR/sf	N9.5	GY/ltgy

⑤ 내추럴한(Natural)

　　이미지 언어로는 '자연적인, 전원적인, 편안한, 감성적인, 친근한, 풍성한, 정다운, 포근한, 소박한, 친환경적인' 등이 있다.

　　울창한 숲 속에서 보이는 것처럼 자연의 이미지를 그대로 살린 꾸밈없고 편안한 느낌의 이미지이다. 자연에서 보이는 노랑, 연두, 초록 계열로 유사색상 배색하고, 소프트(sf), 라이트 그레이시(ltgy), 덜(dl) 톤 등 중명도, 중채도로 배색한다.

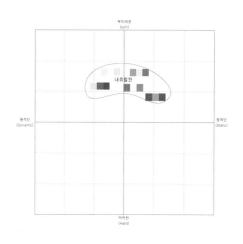

▶ **대표 색상**

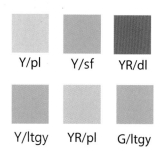

▶ **대표 톤**

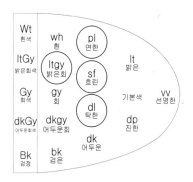

YR/sf	Y/pl	GY/ltgy	YR/pl	Y/sf	YR/dl	Y/ltgy	G/ltgy

6 경쾌한(Cheerful)

이미지 언어로는 '활동적인, 율동적인, 재미있는, 개방적인, 선명한, 새로운, 돋보이는, 젊은' 등이 있다.

젊은이들의 생동감 있는 움직임이 느껴지는 이미지이다. 활동적이고 선명한 빨강, 파랑, 노랑 등의 비비드(vv), 라이트(lt) 톤과 고명도의 화이티시(wh) 톤을 함께 배색하여 움직임이 가볍고 리드미컬한 느낌을 주도록 한다.

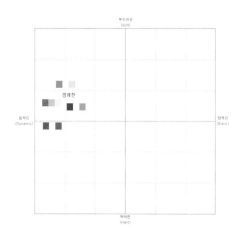

▶ 대표 색상

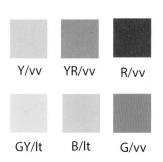

▶ 대표 톤

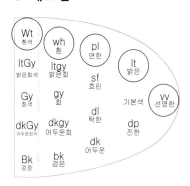

R/vv	Y/vv	R/lt	B/lt	BG/lt	YR/vv	RP/wh	GY/vv

7 화려한(Gorgeous)

이미지 언어로는 '매력적인, 장식적인, 요염한, 성숙한, 환상적인, 복잡한, 뛰어난, 다양한' 등이 있다.

여성스럽고 멋스러운 화려한 이미지로 궁정 생활의 느낌을 준다. 자주, 보라 계열의 색상과 비비드(vv), 기본, 딥(dp) 톤 등을 사용하며, 매혹적이고 눈에 띄는 장식적인 효과를 위해 색상이나 톤 차이를 주어 배색한다.

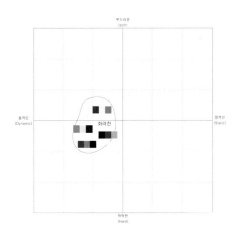

▶ **대표 색상**

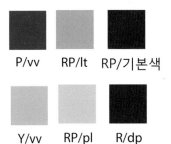

P/vv   RP/lt   RP/기본색

Y/vv   RP/pl   R/dp

▶ **대표 톤**

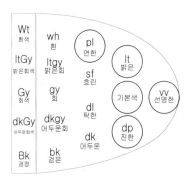

RP/vv	Y/vv	RP/기본	P/vv	Y/vv	RP/lt	R/dp	P/dp

⑧ 우아한(Elegant)

이미지 언어로는 '멋진, 세련된, 고급스러운, 여성스러운, 기품 있는, 감각 있는, 동양적인' 등이 있다.

여성스러우면서도 고급스러운 느낌의 이미지이다. 주로 중채도, 중명도의 덜(dl), 그레이시(gy) 톤과 여성스러운 느낌의 보라(P), 자주(RP)를 사용하여 배색하고, 콘트라스트를 약하게 하여 우아하고 세련된 이미지로 표현한다.

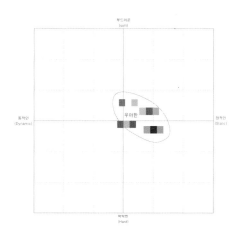

▶ 대표 색상

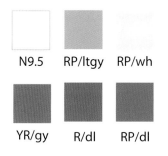

| N9.5 | RP/ltgy | RP/wh |
| YR/gy | R/dl | RP/dl |

▶ 대표 톤

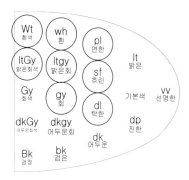

P/wh	P/pl	P/sf	R/dl	RP/ltgy	RP/gy	RP/wh	RP/dl

⑨ 다이내믹한(Dynamic)

이미지 언어로는 '역동적인, 액티브한, 기운찬, 강한, 와일드한, 신속한, 거친, 개성적인' 등이 있다.

역동적이며 강력한 힘과 에너지가 연상되는 이미지이다. 격렬한 움직임의 스피드를 자랑하는 스포츠카의 배색에서 연상되는 난색 계열의 비비드(vv), 기본, 딥(dp) 톤 등의 고채도 색상과 대조되는 다크(dk) 톤, N1.5를 이용하여 선명하고 활동성이 느껴지도록 배색한다.

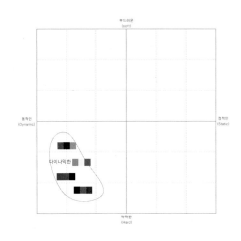

▶ 대표 색상

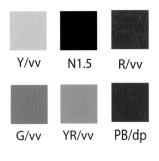

Y/vv	N1.5	R/vv
G/vv	YR/vv	PB/dp

▶ 대표 톤

YR/기본	N1.5	R/vv	G/vv	YR/vv	PB/dp	Y/vv	P/dk

⑩ 모던한(Modern)

이미지 언어로는 '기능적인, 진보적인, 도시적인, 실용적인, 현대적인, 하이테크한, 인공적인, 딱딱한, 서양적인, 차가운, 무거운' 등이 있다.

도시적 감각의 현대적인 딱딱하고 진보적인 이미지이다. 무채색과 한색 계열로 색상을 제한하고 하이테크 이미지의 경우 미래적이고 첨단의 느낌이 나는 파랑(B)과 청록(BG)을 이용하여 배색한다. 도시적인 세련미를 표현할 경우 그레이시(gy) 톤을 사용하여 배색한다.

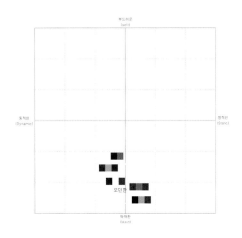

▶ 대표 색상

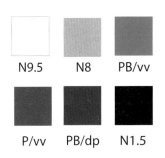

▶ 대표 톤

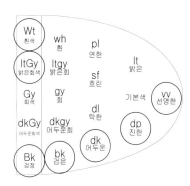

N1.5	N9.5	PB/vv	B/vv	B/wh	P/vv	N8	N2

⑪ **점잖은**(Courtesy)

이미지 언어로는 '지적인, 견실한, 보수적인, 격식 있는, 클래식한, 중후한' 등이 있다.

남성적인 이미지로 고상하며 정적인 느낌과도 비슷한 이미지이다. 저채도, 저명도의 딜(dl),
다크(dk) 톤 등을 이용하여 딱딱하고 탁한 무거운 느낌이 되도록 배색한다. 신사복에서 연상되
는 클래식하고 엄격한 이미지로 표현된다.

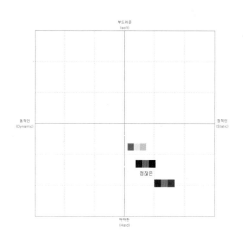

▶ 대표 색상

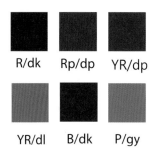

| R/dk | Rp/dp | YR/dp |
| YR/dl | B/dk | P/gy |

▶ 대표 톤

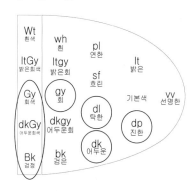

N1.5	Y/dk	RP/dk	B/dk	YR/dl	R/dk	N5	GY/dk

⑫ 고상한(Noble)

이미지 언어로는 '차분한, 나이든, 성숙한, 우울한, 오래된, 탁한, 수수한, 전통적인, 품위 있는' 등이 있다.

오랜 세월의 흔적이 묻어나듯 깊이감이 내재되어 있는 이미지이다. 빛바랜 고풍스러운 이미지로 품격이 느껴지며, 고급스러운 이미지를 가지고 있다. 저명도와 저채도의 그레이시(gy), 다크(dk), 덜(dl) 톤으로 배색함으로써 원숙한 중년 이미지로 표현된다.

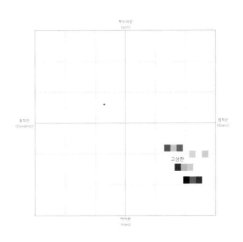

▶ 대표 색상	▶ 대표 톤

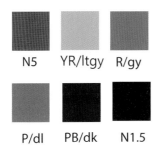

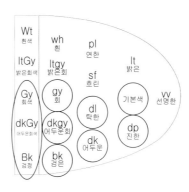

YR/dl	R/gy	YR/dk	N5	Y/sf	P/dl	N1.5	R/dl

CHAPTER

04

PERSONAL COLOR COORDINATOR

퍼스널 컬러

1 퍼스널 컬러의 이론적 배경

퍼스널 컬러 시스템은 괴테의 "모든 색에는 노랑과 파랑의 두 극 사이에 든다"라는 색채 이론에 근거하여 출발한다. 괴테는 빛의 노란색과 어둠의 파란색으로 분류하는 양극화 이론을 성립하였고 Yellow base와 Blue base의 색 체계를 이루는 기초가 되었다. 이와 함께 요하네스 이텐 (Johannes Itten, 1888~1967)은 색채 조화에서 "자연계의 사계절이야 말로 모든 색채의 근원과 조화를 이룬다"라고 하였으며, 로버트 도어(Robert Dorr, 1905~1979)는 「배색조화·부조화의 원리」에서 색은 푸른 기가 있는 파란색 언더 톤과 노란 기가 있는 노란색 언더 톤으로 분류하고 같은 언더 톤의 색은 서로 조화를 이룬다고 하였다. 이를 실용화시킨 대표적 인물인 심리학자 캐롤 잭슨(Carole Jackson, 1932~)은 저서 「Color me beautiful(1980)」에서 사람의 이미지를 4가지로 분류하여 패션과 메이크업 등을 제안하였다.

2 퍼스널 컬러의 개념

퍼스널 컬러는 개인의 타고난 신체 색상으로 피부, 머리카락, 눈동자의 색을 가리키며, 자신이 지니고 있는 신체 색과 조화를 이루어 얼굴에 긍정적 이미지를 형성할 수 있도록 하는 개개인의 컬러를 일컫는다. 퍼스널 컬러를 파악하는 것은 자신의 이미지 관리와 개성 있는 이미지 연출을 위한 효과적인 방법이다.

퍼스널 컬러의 색상이론

1 4계절 색상의 분류 요인

1 색상(HUE)

색상은 퍼스널 컬러 시스템에서 가장 중요한 기준이 되는 것으로 모든 색은 따뜻한 색(Yellow base)과 차가운 색(Blue base)으로 분류한다.

① **따뜻한 색**(Yellow base)

따뜻한 색은 모든 색에 노란색의 베이스를 띠고 있으며 색상이 부드럽고 온화한 이미지를 지니고 있는 것이 특징이다. 봄과 가을 유형이 이에 해당되며 봄은 노랑이 주조색으로 밝고 선명하며, 가을은 황색이 주조색으로 차분하고 풍부한 색채를 이루고 있다. 주요색은 코랄, 피치, 오렌지, 카멜, 골드 등의 컬러이며 무채색과 실버는 포함되지 않는다.

② **차가운 색**(Blue base)

차가운 색은 기본적으로 푸른색과 흰색, 검은색을 지니고 있다. 차가운 색은 여름과 겨울 유형으로 여름은 라이트 톤과 그레이 톤 등의 흰색이 주조를 이루며 부드럽고 흐리다. 겨울은 선명한 비비드 톤과 다크 톤의 차가운 색으로 선명하고 강하며 콘트라스트가 특징이며 주황과 황색, 골드는 포함되지 않는다.

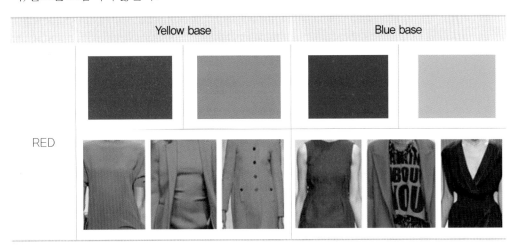

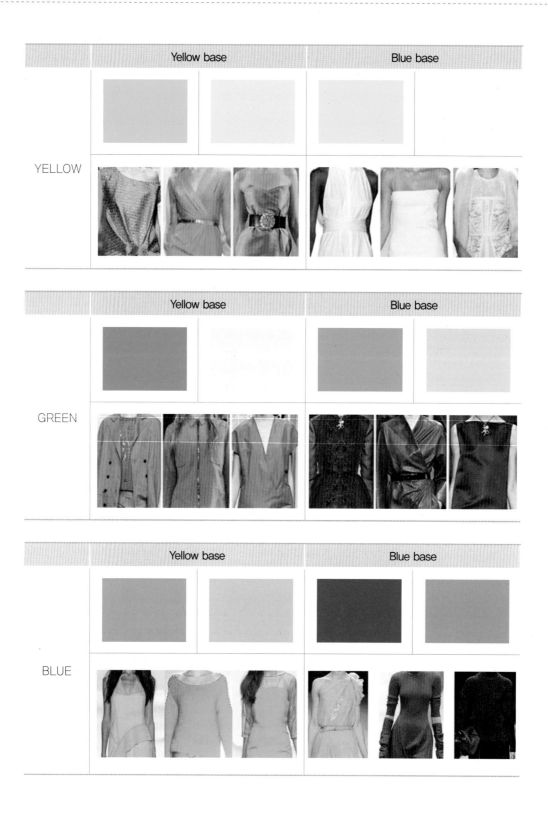

Warm & Cool WORK SHEET(색종이 2cm×2cm)

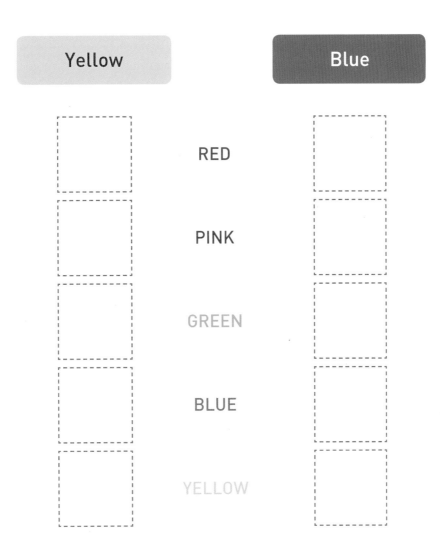

Yellow   Blue

RED

PINK

GREEN

BLUE

YELLOW

Warm & Cool 조색(조색지 2cm×2cm)

Yellow Base / Blue Base

Magent + Lemon yellow

	Magenta < lemon yellow	Magenta = lemon yellow	Magenta > lemon yellow

Cyan + Lemon yellow

	Cyan < lemon yellow	Cyan = lemon yellow	Cyan > lemon yellow

Magent + Lemon yellow + Cyan

	lemon yellow yellow deep + Magenta	lemon yellow = yellow deep	lemon yellow yellow deep + Cyan	

2 **명도**(Value)

① 밝은 색(Light)

고명도에서 중명도의 밝고 연한 색으로 부드럽고 은은한 톤이다. 봄과 여름 유형에 해당되며 봄은 노랑, 여름은 흰색이 혼합되어 밝은 색이 주를 이룬다.

② 어두운 색(Dark)

중명도에서 저명도의 어둡고 진한 색으로 가을과 겨울 유형에 해당되며 가을은 황색, 겨울은 파랑이 기본으로 혼합된다.

3 **채도**(Chroma)

① 선명한 색(Clear)

순색에 가까운 색으로 비교적 선명하고 강렬한 비비드 색이다. 사계절 색상 중에는 봄과 겨울의 색상이 이에 해당된다.

② 부드러운 색(Soft)

무채색의 비율이 높을수록 회색빛이 도는 부드럽고 탁한 색이 된다. 불투명하며 자연적인 색으로 사계절 색상 중에는 여름과 가을의 색상이 이에 해당된다.

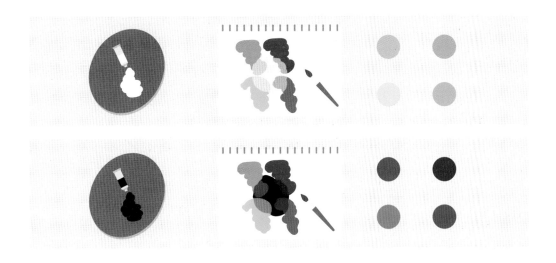

4계절 분류 WORK SHEET(색종이 1.5cm×1.5cm)

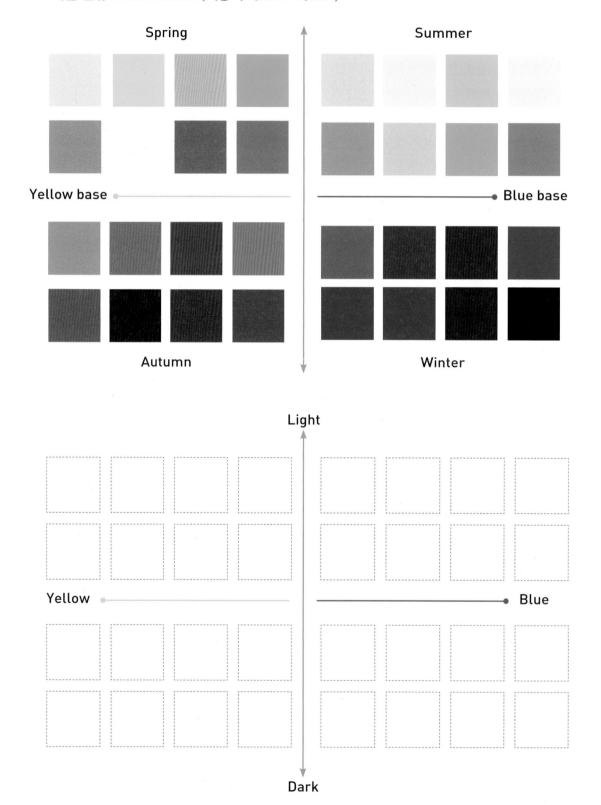

Spring

Summer

Yellow base ●——————————   ——————————● Blue base

Autumn

Winter

Light

Yellow ●——————————   ——————————● Blue

Dark

2 4계절 컬러 시스템

4계절 컬러 시스템은 베이스 컬러와 톤에 따라 유형화한 것으로 기본은 옐로우 베이스와 블루 베이스의 분류에서 출발하며, 옐로우 베이스에는 봄과 가을이 해당되고 블루 베이스에는 여름과 겨울이 해당된다. 톤에 따라 봄 유형은 선명한 색상의 클리어 타입과 가벼운 느낌의 라이트 타입으로 구분하며, 가을 유형은 그레이시한 느낌의 내추럴한 소프트 타입과 비교적 선명하고 깊이감 있는 딥 타입으로 구분한다. 여름 유형은 흰색이 포함된 맑은 느낌의 라이트 타입과 그레이시한 소프트 타입으로 구분한다. 겨울 유형은 중후하고 딱딱한 느낌의 다크 타입과 원색과 대비감이 강조된 강한 클리어 타입으로 구분한다.

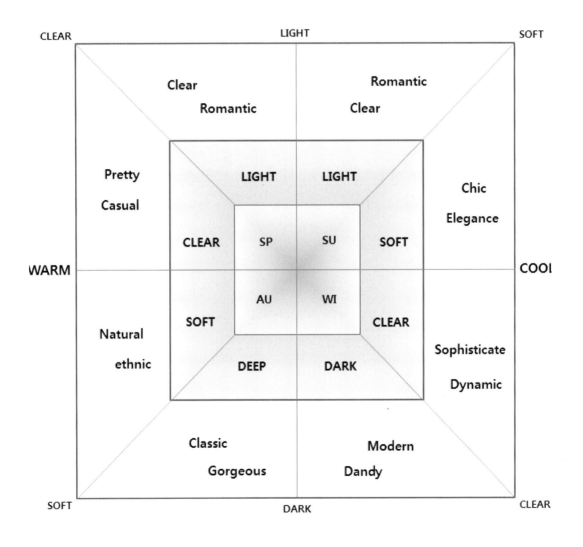

■ 4계절 컬러 시스템 ■

■ 봄 색상과 이미지

귀여운, 경쾌한, 사랑스러운, 따뜻한, 밝은, 부드러운, 로맨틱한, 캐주얼한, 선명한

봄(SPRING)	
주황, 노랑, 연두, 코랄, 피치, 크림 옐로우, 라이트 골드, 애플 그린, 아쿠아 블루, 골든 브라운	
vv, lt, pl, wh	

다음 이미지에 해당하는 색상을 이용하여 배색 스트라이프를 만들어보자.

귀여운

달콤한

■ 여름 색상과 이미지

맑은, 우아한, 엘레강스한, 깨끗한, 여성스러운, 시크한, 청초한, 깨끗한, 로맨틱한, 상쾌한

여름(SUMMER)	
핑크, 레몬 옐로우, 민트 그린, 퍼플 블루, 퍼플 그레이, 블루 그레이	
pl, wh, ltgy, sf	

다음 이미지에 해당하는 색상을 이용하여 배색 스트라이프를 만들어보자.

맑은

우아한

■ 가을 색상과 이미지

클래식한, 중후한, 고저스한, 고급스러운, 전원적인, 내추럴한, 풍요로운, 점잖은, 깊이 있는

가을(AUTUMN)	
카키 그린, 코랄, 카멜, 마호가니, 올리브 그린, 딥 블루, 골드, 베이지 브라운	
◎, dp, dk, dl, gy, sf	

다음 이미지에 해당하는 색상을 이용하여 배색 스트라이프를 만들어보자.

내추럴한

클래식한

■ 겨울 색상과 이미지

'도시적인, 모던한, 차가운, 다이내믹한, 댄디한, 현대적인, 미래적인, 심플한' 블루 베이스의 컬러로 채도가 높거나 콘트라스트가 큰 것이 특징

겨울(WINTER)
버건디, 와인, 마젠타, 딥 퍼플, 코발트블루, 쿨 레드, 딥 그린, 차콜 그레이, 다크 네이비
vv, ◎, bk, dk, wh

다음 이미지에 해당하는 색상을 이용하여 배색 스트라이프를 만들어보자.

모던한

세련된

퍼스널 컬러 유형에 따른 신체 색상의 특징

1 신체 색상

피부색

피부색은 멜라닌의 갈색, 헤모글로빈의 붉은색, 카로틴의 황색이 나타나는 것으로, 멜라닌 색소가 많은 피부는 검게 보이며, 카로틴이 비교적 많은 경우는 혈색이 없이 노랗게 보이고, 헤모글로빈이 많이 비쳐 보이는 피부는 붉은색으로 보인다.

퍼스널 컬러 시스템에서는 옐로우에 가까운 피부를 옐로우 베이스의 따뜻한 톤(Warm tone)으로 분류하며 봄과 가을 타입에 해당된다. 핑크에 가까운 피부를 블루 베이스의 차가운 톤(Cool tone)으로 분류하며 여름과 겨울 타입에 해당된다.

■ Yellow Beige & Pink Beige ■

② 모발색

모발색 또한 피부색과 같이 멜라닌 색소에 의해 검은색, 갈색, 금색 등으로 분류된다. 모발색에 따라 얼굴의 밝기나 혈색, 피부의 투명감 등이 달라 보이며 인상에 영향을 미친다. 퍼스널 컬러 시스템에서 모발색은 노란빛의 갈색이나 붉은빛의 갈색을 띠는 따뜻한 톤과 푸른빛의 검정이나 회색빛의 검정은 차가운 톤으로 분류한다.

봄 타입은 밝은 브라운, 가을 타입은 다크 브라운, 여름 타입은 로즈 브라운과 라이트 브라운, 겨울 타입은 블랙이나 다크 브라운의 모발색을 띤다.

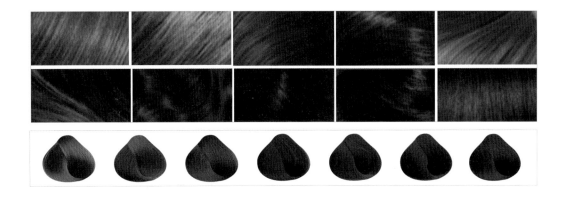

③ 눈동자색

멜라닌 색소를 함유하고 있는 홍채 부분이 눈동자색을 나타내며, 홍채의 색상은 멜라닌 색소의 양으로 결정된다. 한국인은 밝은 갈색부터 어두운 갈색까지 다양한 색상을 보이며 대부분 중간에서 어두운 갈색의 눈동자를 가지고 있다. 봄 타입은 라이트 브라운과 브라운, 가을 타입은 다크 브라운, 여름 타입은 소프트 브라운, 겨울 타입은 다크 브라운, 블랙 브라운을 띤다.

■ 봄 타입

	봄(SPRING)		
피부색			
	피치 베이지, 옐로우 베이지, 아이보리		
모발색			
	라이트 브라운, 골드 브라운, 오렌지 브라운		
눈동자색			
	라이트 브라운, 브라운		

봄 타입의 신체 색상과 이미지에 해당하는 사진을 아래의 빈 칸에 넣으시오.

■ 여름 타입

여름(SUMMER)			
피부색			
	쿨 베이지, 핑크 베이지, 로즈 베이지		
모발색			
	애쉬 브라운, 로즈 브라운, 라이트 브라운		
눈동자색			
	블루그레이, 아쿠아, 소프트 브라운		

여름 타입의 신체 색상과 이미지에 해당하는 사진을 아래의 빈 칸에 넣으시오.

■ 가을 타입

가을(AUTUMN)		
피부색		
	웜 베이지, 내츄럴 베이지, 골든 베이지	
모발색		
	다크 브라운, 레드 브라운, 코퍼 브라운	
눈동자색		
	브라운, 웜헤이즐	

가을 타입의 신체 색상과 이미지에 해당하는 사진을 아래의 빈 칸에 넣으시오.

■ 겨울 타입

겨울(WINTER)			
피부색			
페일 베이지, 핑크 베이지, 로즈 베이지			
모발색			
블랙 브라운, 블루 블랙, 그레이 브라운			
눈동자색			
그레이, 다크 브라운, 블랙 브라운			

겨울 타입의 신체 색상과 이미지에 해당하는 사진을 아래의 빈 칸에 넣으시오.

■ 피부색 & 모발색 조색하기(Warm tone)

기준 색지와 같이 조색하여 오른쪽 빈 칸에 부착하시오.(4cm×2cm)

Skin Tone		
Hair Tone		

■ 피부색 & 모발색 조색하기(Cool tone)
기준 색지와 같이 조색하여 오른쪽 빈 칸에 부착하시오.(4cm×2cm)

Skin Tone		
Hair Tone		

CHAPTER

05

퍼스널 컬러 진단

① **진단 준비**

- 자연광 또는 백색 조명을 준비한다.
- 메이크업을 지운 후 얼굴 및 헤어스타일을 정돈한다.
- 액세서리, 렌즈, 안경 등 색상이나 반짝임이 있는 아이템은 착용하지 않는다.
- 자연광을 마주 보고 앉거나 얼굴에 그늘이 지지 않도록 앉는다.
- 거울 앞에 앉아 얼굴이 잘 보이도록 거울을 조정한다.

② **진단도구**

■ 퍼스널 컬러 진단천(24색), 케이프, 상반거울 ■

신체 색상 육안 측정

퍼스널 컬러에서 제작한 신체 색상 가이드를 참고하여, 신체 색상 체크 시트에 체크한다.

■ 피부색 가이드와 비교하여 노르스름한 피부 또는 붉은 피부인지 체크한다.

■ 타고난 모발색을 기준으로 하여 밝은 갈색 계열을 Warm, 블랙 계열을 Cool로 체크한다.

■ 기본 분류로 밝은 갈색 계열을 Warm, 블랙 브라운과 블랙 계열을 Cool로 체크한다.

■ 피부색과 모발색, 눈동자색과의 전체적인 대비감을 본다.

진단천을 이용한 컬러 진단

① 준비

진단천, 상반거울, 진단 차트를 준비한다.

② 드레이프 컬러에 따른 체크사항

드레이프 컬러	진단 시 체크사항
Pink	피부색과의 조화
Red	피부의 붉은 기와 조화
Yellow	피부의 윤기
Green	모발색, 눈동자색과 조화
Blue	피부의 맑기, 피부색과 모발색 대비로 인한 인상의 변화

① 어울리는 색 : 혈색이 좋다, 밝다, 건강해 보인다, 투명감 있다.

② 어울리지 않는 색 : 창백하다, 칙칙하다, 탁해진다, 다크써클이 진해진다, 주름이 깊어진다.

③ 컬러 진단 시 체크사항

피부색과 얼굴형의 변화도를 체크한다.

피부색 변화도	색상(붉은 기)	노란 기 감소		노란 기 증가	
		붉은 기 감소		붉은 기 증가	
	명도(밝기)	밝아짐		어두워짐	
	채도(투명감)	투명함		탁해짐	
	질감	윤기가 있음		매트함	
얼굴형의 변화도	입체감	입체적임		평면적임	
	얼굴형	부드러워짐		두드러짐	

PINK계열 진단천에 손을 올려본 후 피부색의 변화도를 관찰한다.

GOLD, SILVER 진단천에 손을 올려본 후 피부색의 변화도를 관찰한다.

베이스 진단 드레이핑

베이스 판정 진단천을 아래와 같이 조합 & 드레이핑 하여 Warm tone과 Cool tone을 진단한다.

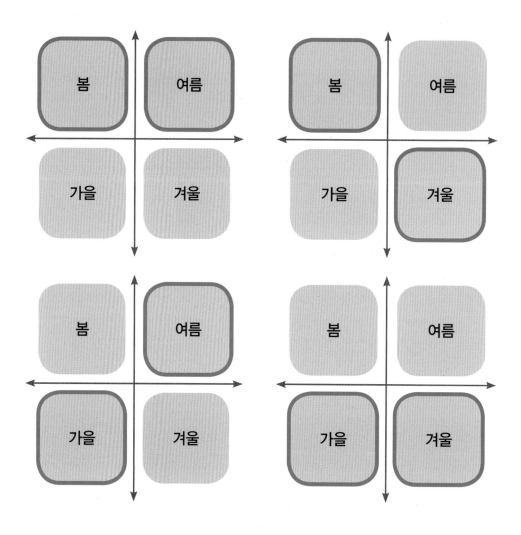

4계절 진단 드레이핑

PINK → RED → YELLOW → GREEN → BLUE 순서로 드레이핑 한다.

PINK

RED

YELLOW

GREEN

BLUE

■ 색깔별 진단천 구성 ■

① PINK

피부색과의 조화감을 파악한다. 피부의 탄력이 떨어져 보이고 눈 밑이나 턱 부분에 그늘이 생기거나 입술색이 연해지고 피부색이 창백해지면 어울리지 않는 톤이다.

Spring

Summer

Autumn

Winter

② RED

피부 톤의 붉은 기와의 조화감을 파악한다. 진단천을 드레이핑 했을 때, 붉은 기가 감소되면서 창백해지는 것은 적합하지 않다.

Spring

Summer

Autumn

Winter

③ YELLOW

피부의 투명감을 파악한다. 조명을 더한 느낌으로 Warm / Cool 모두 어울리지 않는 느낌이 든다면 쿨톤인 경우가 많다. 피부의 투명감이 사라지고 두께감이 느껴진다면 어울리지 않는 경우이다.

Spring

Summer

Autumn

Winter

4 GREEN

눈동자색과 모발색과의 조화감을 파악한다. 눈동자가 또렷해 보이고 모발에 윤기감이 돈다면 어울리는 톤이다.

Spring

Summer

Autumn

Winter

피부색과 모발색 대비로 인한 인상의 변화를 파악한다. Warm / Cool 모두 부족한 느낌이 든다면 웜톤에 해당되는 경우가 많다.

Spring

Summer

Autumn

Winter

■ WHITE COLOR 진단

피부색과의 조화감을 파악한다.

Yellow Base

Blue Base

■ GOLD/SILVER 진단

액세서리를 착용한 느낌으로 피부색과의 조화감을 파악한다.

Yellow Base

Blue Base

6 4계절 컬러 진단 결과

4계절 진단 후 진단 결과를 체크한다.

Spring

Summer

Autumn

Winter

MEMO

CHAPTER

06

PERSONAL COLOR COORDINATOR

퍼스널
컬러 코디네이션

1 메이크업 & 헤어

전체적인 컬러 이미지를 보면 기본적으로 노란색이 가미된 색으로 생동감과 활력이 넘치는 원색이 주를 이루고 따뜻하며 가벼운 느낌이다.

1 메이크업

메이크업은 꾸미지 않은 순수함과 생기발랄한 이미지로 연출하며 옐로우, 오렌지, 레드, 블루, 옐로우 그린을 활용한 포인트 메이크업으로 라이트 톤을 주로 사용한다.

메이크업 코디네이트 배색 방법으로는 보색 배색, 다색 배색, 악센트 배색으로 다양한 이미지 연출이 가능하다.

2 헤어

봄의 헤어 색상은 기본적으로 골드와 황색이 가미된 색으로 비교적 밝은 황갈색(골드 브라운)과 갈색 계열이 주를 이룬다. 골드 브라운, 골드 브론디, 황갈색이나 오렌지 빛을 지닌 색으로 피부색과 함께 부드럽고 은은한 색이다. 봄에는 회색빛이 어울리지 않으므로 검은색이나 회갈색, 와인 계열, 블루 계열 등은 피하는 것이 좋다.

컬러 이미지가 온화하고 부드러우며 생기 있는 귀여운 이미지로 귀여운 단발머리나 층이 진 굵은 웨이브 머리가 잘 어울린다.

봄 메이크업 컬러(Spring Make up Color)

파운데이션(Foundation)

밝고 화사한 느낌으로 섬세하고 투명감 있게 표현한다. 리퀴드 타입의 아이보리, 옐로우 베이지를 활용하여 소량으로 가볍게 두드려서 표현한다.

아이브로우(Eye-brows) & 아이라인

브라운 계열 중에서도 연한 붉은 밤색 계열이나 황갈색이 잘 어울리며 특정한 이미지를 연출할 때는 옐로우, 그린, 오렌지, 골드 등을 활용한다.

아이섀도(Eye-shadow)

따뜻한 계열의 색상 중 원색이나 선명한 색을 사용하거나 부드럽고 온화한 아이보리, 피치 핑크, 오렌지, 산호색, 피치, 베이지, 골드, 그린 계열로 화사하게 표현한다. 단, 지나치게 선명하거나 강한 색상으로 표현하지 않아야 한다. 은은하고 섬세하게 표현하여 투명하고 화사한 이미지로 연출한다.

치크(Cheek)

피치와 오렌지 계열로 은은하고 혈색 있게 건강한 느낌을 주고, 발그레하게 상기된 뺨으로 귀여운 이미지를 연출한다.

립스틱(Lip stick)

코랄 핑크, 피치, 오렌지, 주황빛 레드, 피치 베이지 계열을 사용하며 립글로즈나 펄을 활용하여 촉촉함과 생기 있게 질감을 표현한다.

1 프리티(Pretty)

귀엽고 감미로운 이미지와 사랑스러운 이미지로 난색 계열의 밝고 부드러운 톤의 색상을 사용하여 생기발랄하고 달콤한 이미지로 연출한다. 프리티는 밝고 귀여운 소녀의 이미지로 리본이나 꽃, 프릴(주름 장식) 등의 아이템으로 달콤하고 가벼운 듯한 이미지를 가진 디자인이 특징이다.

색상 배색은 귀엽고 앳된 이미지를 표현하기 위해 파스텔 톤과 신선한 라이트 옐로, 민트나 라이트 그린을 활용한다.

① **소재, 무늬** : 레이스나 부드러운 오건디(가볍고 약간 투명한 직물), 얇은 면 소재, 하트나 작은 꽃과 같은 구체화된 무늬 등을 활용한다.

② **액세서리** : 꽃이나 동물 모티브, 코르사주(여자의 가슴 등에 장식으로 다는 작은 꽃다발)나 화사하며 컬러풀한 색을 사용한다.

③ **가방, 구두** : 스톨 등의 가벼운 소재나 컬러풀한 색을 사용한 핸드백, 비즈나 꽃 등을 단 자그마한 가방, 장식이나 리본이 달린 둥글고 평평한 구두 등을 활용한다.

프리티 이미지를 사진에서 찾아 배색해보세요.

② **캐주얼**(Casual)

적극적이고 활동적, 경쾌한 패션 이미지가 캐주얼이다. 정장이 아닌 재킷에 바지나 스커트를 조합한 활동적인 스타일로 간편하고 친밀한 티셔츠나 면바지, 가디건을 코디네이션한다.

색상 배색은 경쾌하면서 자연스러운 스타일에 적합한 보색이나 다색배색으로 젊은 감각을 지닌 이미지이다.

① **소재, 무늬** : 블루진이나 대님 소재 등 스포츠룩에서 볼 수 있는 소재를 활용한다. 울이나 폴리에스테르, 두꺼운 면 개버딘 소재, 면 저지와 같은 활동하기 쉬운 것을 주로 사용하며, 무늬는 촘촘하고 작은 체크나 스트라이프, 색상의 배열과 구성이 잘 나타나는 구체적인 무늬 등이 좋다.

② **액세서리** : 생기 있고, 움직임을 느낄 수 있는 컬러풀하고 재미있는 디자인, 밝은 색조의 작은 소품 등이 효과적이다.

③ **가방, 구두** : 가방은 부드러운 가죽이나, 캔버스 천을 소재로 한 숄더백이나 더블백을 활용하며, 컬러풀한 색으로 경쾌하게 연출한다. 구두는 낮은 굽이나 평평한 구두, 앵글부츠 등 편안한 것을 사용한다.

캐주얼 이미지를 사진에서 찾아 배색해보세요.

③ 웜 로맨틱(Warm romantic)

온화하고 부드러운 이미지로 엷고 소프트한 맑은 색의 낭만적 이미지와 온화한 이미지로 여성스러움을 강조한다. 기본적으로 파스텔 톤을 사용하여 섬세하고 낭만적인 분위기를 연출하며 프릴이나 레이스로 장식하는 스타일이다.

① **소재, 무늬** : 프릴이나 레이스, 비치는 시스루 소재를 활용하며 실크나 오건디 등의 부드러운 소재를 사용한다. 여러 색을 사용한 작은 체크, 동물 프린트나 선명한 꽃무늬 등을 활용한다.

② **액세서리** : 컬러풀하고 밝은 색의 꽃을 모티브로 한 것이나 코르사주 등을 사용한다. 즐거운 색을 사용한 플라스틱 장신구 류로 연출한다.

③ **가방, 구두** : 가죽, 천, 밀짚, 비닐 등 폭넓은 소재를 사용할 수 있다. 어떠한 소재라도 작고 동그랗고 경쾌한 디자인을 사용하며, 구두도 펌프스부터 평평한 신발, 부츠까지 폭넓은 디자인을 적용할 수 있다.

웜 로맨틱 이미지를 사진에서 찾아 배색해보세요.

④ 웜 클리어(Warm clear)

따뜻한 계열의 라이트한 색상을 통해 밝고 맑은 색으로 깨끗함과 신선한 이미지를 주는 스타일이다. 가벼운 이미지를 주기 위해 라이트 민트 그린 계열과 라이트 피치, 라이트 옐로우를 주로 활용하고, 색상 배색은 유사한 톤으로 배색하는 것이 효과적이다. 옅은 색은 섬세하고 투명한 이미지를 지닌다.

① **소재, 무늬** : 코튼, 오간자 등의 전체적으로 심플하고 단아한 소재와 무늬를 사용한다.

② **액세서리** : 따뜻하고 부드러운 이미지로 밝고 연한 톤의 골드나 산호 빛이 나는 보석, 유리, 비즈 등 큰 사이즈보다 작은 것을 겹쳐서 사용한다.

③ **가방, 구두** : 장식이 적은 숄더백이나 토트백, 형태 변형이 없는 나일론이나 면 소재의 가방과 비교적 부드러운 가죽의 구두 등에 장식이 없는 펌프스나 플랫슈즈를 사용한다.

웜 클리어 이미지를 사진에서 찾아 배색해보세요.

1 메이크업 & 헤어

모든 색에 흰색과 푸른색을 포함한 기본 바탕색으로 부드러우면서 여성스럽고 전체적으로 명도가 높고 채도가 낮은 파스텔 이미지를 가진다.

1 메이크업

피부는 붉고 흰 피부가 많으며 베이스는 차분한 중간 톤으로 표현하고, 아이섀도의 색상을 파스텔 색상과 펄을 사용하여 화사하게 여성스럽고 낭만적으로 표현한다. 메이크업은 퓨어 & 클리어, 내추럴 메이크업과 색상의 다양함을 주는 파스텔 메이크업, 그레이시 톤의 부드럽고 세련된 엘레강스한 메이크업이 잘 어울린다.

메이크업 코디네이트 배색 방법으로는 톤온톤, 톤인톤, 그라데이션 배색으로 다양한 이미지 연출이 가능하다.

2 헤어

브론디에서 브루넷(Brunette, 흑갈색)에 걸쳐서 회색 기를 지닌 색으로 밝은 톤보다 중간에서 짙은 톤으로 브라운 계열이 주를 이룬다. 금발의 경우 흰색이나 회색이 가미된 색이며, 브라운 계열의 경우 회색이 가미된 중간 톤의 회갈색의 비교적 내추럴한 색이 잘 어울린다.

전체적으로 여성스러운 긴 스트레이트 형이나 약간 굵은 웨이브 스타일로 연출하며, 지나치게 웨이브가 강하거나 짧은 커트는 피해야 한다.

여름 메이크업 컬러(Make up Color)

파운데이션(Foundation)
가볍고 자연스럽게 리퀴드나 크림 타입을 소량으로 여러 번 두드리면서 표현하고 색상은 쿨 베이지(Cool beige), 핑크 베이지(Pink beige), 로즈 베이지(Rose beige) 등의 밝지 않는 톤을 선택한다.

아이브로우(Eye-brows) & 아이라인
머리카락이나 눈썹 색상에 맞게 선택하거나 아이섀도 색상에 따라 연출한다. 아이라인은 검정, 회색, 회갈색 등을 활용하고 특정한 이미지를 연출할 때는 블루, 퍼플 계열을 활용한다.

아이섀도(Eye-shadow)
부드럽고 차가운 느낌의 중간 톤으로 다양한 색을 활용하는 것이 특징이다. 파스텔 톤의 연 핑크 계열이나 연 블루 계열, 연 그레이, 청회색, 청블루, 보라 계열 등을 화사하게 사용한다. 중간 톤을 주로 활용하며 기본적으로 화이트나 실버 펄을 가미하여 표현하고 연하게 그라데이션 한다.

치크(Cheek)
연 핑크, 내추럴 베이지, 코코아 베이지나 로즈 계열로 자연스럽게 혈색을 느낄 수 있도록 표현한다.

립스틱(Lip stick)
중간색 계열로 핑크, 핑크 베이지, 로즈 베이지, 베이지 브라운 등 자연스럽고 연하게 표현하여 여성스러운 이미지를 연출한다. 입술 색상이 어두울 경우 파스텔 톤이 어울리지 않으므로 컨실러로 입술을 완벽히 커버해야 제대로 발색이 나올 수 있다.

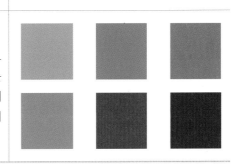

1 쿨 클리어(Cool clear)

상쾌하고 시원한 이미지의 쿨 클리어는 선명하고 깨끗한 느낌으로 산뜻한 스타일이다. 쿨 클리어 스타일의 색상 배색은 백색과 한색 계열의 밝은 톤을 사용하며 포인트로 라이트 옐로우나 민트 그린 계열을 활용하면 더욱 선명하고 투명함을 주는 이미지가 된다. 꾸밈이 없고 깔끔한 이미지를 가진 패션스타일이다. 이지 포멀 스타일로 외출이나 비즈니스 상황 등에서 효과적이며, 친근감이 느껴지는 소프트한 셔츠나, 니트 상의와 바지 조합과 같은 꾸밈이 없는 스타일이다.

① **소재, 무늬** : 저지, 폴리에스테르, 울 등의 부드럽고, 평범한 소재의 것을 활용한다.

② **액세서리** : 평범한 디자인의 실버 체인이나 펜던트, 핀 브로치 등을 장식한다.

③ **가방, 구두** : 장식이 적은 숄더백이나 토드백을 주로 활용하며, 소재는 형태변형이 나일론이나 면소재 사용한다. 구두는 비교적 부드러운 가죽의 장식이 없는 펌프스나 플랫슈즈를 사용한다.

쿨 클리어 이미지를 사진에서 찾아 배색해보세요.

2 시크(Chic)

회색 계열이 주를 이루는 조용하고 세련된 이미지로 지적인 기품이 있는 스타일이다. 색상 배색은 화려한 이미지와 대조적이고, 채도와 명도가 낮은 톤의 배색으로 온화한 색과 가라앉는 느낌의 회색 톤을 사용하며, 차갑고 모던한 스타일보다 부드럽고 세련된 이미지를 나타낸다.

① **소재, 무늬** : 부드러운 실크와 투명한 쉬폰, 표면이 매끄러운 텐셀 등의 소재를 사용하고, 두드러지지 않는 곡선 프린트, 작은 물방울, 레이스 등의 세세한 무늬를 사용한다.

② **액세서리** : 실버 계열의 광택보다 무광택이 잘 어울린다. 진주, 백금, 유리 등 섬세함이 느껴지고 크기는 다소 큰 사이즈를 사용한다.

③ **가방, 구두** : 의상과 같은 색상의 광택을 억제한 가죽 소재의 구두나 가방을 사용하며, 소품과 의상의 콘트라스트 배색은 어울리지 않는다.

시크 이미지를 사진에서 찾아 배색해보세요.

③ 쿨 로맨틱(Cool romantic)

　우아하고 달콤하며, 섬세한 이미지를 가진 스타일로 연령을 불문하고 소녀의 마음을 잃지 않은 듯한 부드러운 색조와 플레어스커트, 프릴이나 드레이프가 있는 원피스, 블라우스로 표현한다. 낭만적 이미지와 부드럽고 온화한 이미지로 여성스러움을 강조하며, 밝고 은은한 배색으로 핑크, 로즈, 퍼플 계열을 중심으로 연하고 부드러운 이미지를 연출한다.

① **소재, 무늬** : 크레프, 조젯이나 실크 등의 부드럽고 드레이프를 아름답게 나타내는 소재를 사용하며, 무늬는 물방울이나 추상적인 꽃무늬 등을 활용한다.

② **액세서리** : 진주나 부드러운 빛의 비즈를 곁들인 세심한 세공의 액세서리나 섬유 같은 은제품 등으로 장식한다.

③ **가방, 구두** : 오페라백으로 대표되는 자그마한 디자인의 핸드백이나 리본 장식이 달린 화사하고 우아한 구두를 활용하여 연출한다.

쿨 로맨틱 이미지를 사진에서 찾아 배색해보세요.

④ 엘레강스(Elegant)

엘레강스는 품위 있고 고상한 이미지로, 세련되고 성숙함을 느끼게 하는 패션스타일이며 품위 있는 디자인의 복장이나 소품이 이미지에 적합하다. 단정하면서 흘러내리는 듯한 우아한 드레이핑 형태가 특징이다. 색상은 부드러운 톤으로 콘트라스트가 약하고 섬세하고 은은한 느낌으로 배색한다.

① **소재, 무늬** : 실크나 캐시미어, 쉬폰으로 대표되며, 부드럽고 고급스러운 소재, 흘러내리는 듯한 곡선 형태를 활용하여 연출한다. 수채화와 같이 부드럽고 우아한 색채와 분위기를 연출하고 추상적인 패턴도 보여진다.

② **액세서리** : 진주나 섬세한 세공의 물건이나, 금, 실버, 백금 등을 소재로 하는 품위 있는 디자인을 활용한다.

③ **가방, 구두** : 부드러운 가죽이나 에나멜 소재로 세련되고 화사한 디자인으로 연출한다.

1 메이크업 & 헤어

따뜻한 계열의 황색과 갈색을 지닌 어둡고 흐린 톤의 자연의 색으로 풍부한 색감으로 여성스러움과 성숙함을 느낄 수 있는 색상이다.

1 메이크업

색상 표현은 포인트 메이크업보다 자연스러운 그라데이션이 어울리며 단계적으로 그윽하고 분위기 있는 패턴으로 표현한다. 메이크업은 내추럴 메이크업과 에스닉, 클래식 메이크업으로 우아하고 고전적인 분위기를 연출한다.

메이크업 코디네이트 배색 방법으로는 톤인톤, 그라데이션 배색 등으로 다양한 이미지 연출이 가능하다.

2 헤어

골드 빛에 적색을 지니며, 봄의 색보다 짙은 색으로 적갈색, 황갈색이 주를 이룬다. 일반적으로 브릿지나 코팅을 하여 두 가지 색의 변화를 주면 볼륨감이 있어 잘 어울리는데 이러한 두 가지 톤의 변화는 색을 풍성하고 깊이감 있게 표현한다.

가을의 이미지는 풍성하고 깊이감 있는 차분한 색으로 헤어스타일 역시 웨이브가 어울리며 복고스타일도 잘 어울린다. 짧은 머리의 경우도 웨이브를 주어 풍성하고 부드럽게 표현하며, 인위적인 스트레이트형이나 숏커트는 어울리지 않는다.

가을 메이크업 컬러(Make up Color)

파운데이션(Foundation)

옐로우 베이스(Yellow base)의 아이보리, 웜 베이지, 내추럴 베이지 등 봄보다는 무게감이 있는 톤이다. 다른 계절에 비해 두께감 있게 커버력이 있는 크림 타입으로 피부 톤을 고르게 표현한다.

아이브로우(Eye-brows) & 아이라인

머리카락과 눈썹 색상에 맞게 선택하거나 아이섀도 색상에 따라 연출한다. 봄보다는 짙은 계열로 브라운 계열 중 흑갈색, 적갈색이 잘 어울린다.

아이섀도(Eye-shadow)

오렌지, 브라운, 그린 계열이 주요색으로 자연색을 깊이감 있고 그윽한 눈매로 연출한다. 아이보리, 연 베이지, 라이트 옐로우 계열과 혼합하여 자연스럽게 표현하되 깊이 있게 단계적으로 색상을 그라데이션하여 표현한다.

치크(Cheek)

따뜻한 이미지를 담고 있는 베이지, 피치, 브라운 계열로 혈색이 있으면서 입체감 있게 표현하며 지나치게 붉지 않도록 자연스럽게 표현한다.

립스틱(Lip stick)

밝은 색보다 중간색이나 짙은 색으로 뚜렷한 입매를 표현하는 것이 효과적이며 코랄 핑크나 핑크 베이지, 브라운 계열이나 레드 계열에 브라운이 가미된 색상이 잘 어울린다.

1 내추럴(Natural)

소박한 감각에 온화하고 차분한 자연스런 이미지를 지닌 스타일이다. 색상, 디자인, 소재 등이 자연스러운 것이 특징이다. 소재 역시 인공적인 소재보다 천연소재로 따뜻하고 편안한 느낌이다. 색상 배색은 온화하고 부드러운 톤으로 유사배색으로 연출하고 디자인의 경우 실루엣이 편안하고 여유가 있는 패턴이다.

① **소재, 무늬** : 면과 마, 울이나 스웨이드(송아지 가죽의 뒷면을 보풀리어서 우단처럼 부드럽게 만든 것)와 같은 자연 소재를 활용한다. 무늬는 보더 무늬(가로줄 무늬) 혹은 바틱(납염의 일종) 모양과 같은 수공예작품의 패턴이 대표적이다.

② **액세서리** : 천연석이나 뿔, 피혁과 같은 자연 소재, 터키석이나 청동을 사용한 민족풍의 디자인을 활용한다.

③ **가방, 구두** : 대나무나 등나무, 누벅(부드럽게 무두질한 가죽)이나 벅스킨(사슴 가죽)과 같은 소재감이 있는 것을 사용한다. 에스닉(민족적)한 수작업 느낌의 디자인 가방이나 웨지 신발(뒤꿈치가 높은 신발)과 같이 힐에도 소재감을 주어 금속의 이미지를 배제한다.

내추럴 이미지를 사진에서 찾아 배색해보세요.

❷ 클래식(Classic)

클래식 패션스타일은 복고적인 스타일로 고유의 독창성을 유지하며 유행에 관계없이 지속되며 전통성과 윤리성을 존중하고 풍요로움을 지닌 고전적인 스타일이다. 테일러 슈트와 같은 유행에 좌우되지 않는 전통적인 패션 스타일로 몸의 선을 강조하거나 장식선이 강하지 않고 품질이 좋은 디자인이 특징이다.

① **소재, 무늬** : 고품질의 울, 캐시미어, 트위드(올이 굵고 성긴 모직물)나 무늬를 넣어 짠 쟈카드 직물과 같이 패턴(프린트)보다는 소재의 질감을 즐기는 것이 클래식 스타일의 특징이다.

② **액세서리** : 작고 질 좋은 것으로 깔끔하게 치장하는 것이 포인트다. 진주, 실버 등의 소재로 베이직한 디자인을 활용한다.

③ **가방, 구두** : 가방은 켈리 타입이나 숄더 타입의 질리지 않는 보편적인 디자인을 활용한다. 구두도 소박하고 장식이 적은 펌프스로 차분한 이미지를 준다.

클래식 이미지를 사진에서 찾아 배색해보세요.

③ 고저스(Gorgeous)

　화려하고 장식적인 디자인으로 시선을 당기는 대담한 패션스타일이다. 큰 무늬로 대담한 프린트나 금선, 은선이 들어간 호화로운 옷감을 사용한 화려한 스타일이 특징이다. 짙은 톤의 어두운 배색으로 화려한 이미지를 지닌 스타일로 깊이감이 있으며 원숙한 이미지이다.

① 소재, 무늬 : 비즈 자수, 스팽글을 곁들인 화려한 옷감이나 중량감이 있는 새틴 소재, 벨벳, 실크 등 광택 있는 소재나 모피 등을 활용하면 효과적이다. 소재감을 살린 단색이나 부풀린 옷감, 대담한 페이즐리나 표범무늬 등도 사용된다.

② 액세서리 : 빛나는 골드와 대담한 디자인, 볼륨이 있고 소재감이 느껴지는 것으로 장식적이고 수공예적인 보석류로 화려한 이미지를 연출한다.

③ 가방, 구두 : 디자인성이 높은 화려한 것, 파충류 소재나 골드의 촉감이 있는 소재를 활용한다.

고저스 이미지를 사진에서 찾아 배색해보세요.

4 **에스닉**(Ethnic)

'민족적', '민속'이란 뜻을 가지고 있으며, 특정 지역의 자연 환경, 생활 풍습, 민속 의상, 장신구 등에서 영감을 얻은 독특한 색이나 소재, 수공예적 디테일 등을 넣어 소박한 느낌을 강조한 이미지이다. 색상은 자연의 색채로 주로 중명도, 중채도, 난색 계열의 유사 배색이나 채도가 높고 어두운 색(암청색), 세피아 계열의 색으로 약간의 콘트라스트를 주면 효과적이다.

① **소재, 무늬** : 천연 염색, 자수, 아플리케(Applique), 패치워크 등에 의한 장식적인 문양과 잉카의 기하학적인 문양, 인도의 사리, 한자를 이용한 붓글씨 등의 동양적인 이미지를 활용한다.

② **액세서리** : 비즈, 원석이나 가죽 목걸이, 이국적인 문양의 펜던트, 뱅글, 매듭 팔찌, 수공예 귀걸이 등으로 분위기를 연출한다.

③ **가방, 구두** : 부츠, 꽃, 나뭇잎, 동물 프린트 등의 무늬가 있는 가방, 코르크 소재와 마직이나 비드, 자수로 장식된 플랫폼과 웨지힐을 활용한다.

에스닉 이미지를 사진에서 찾아 배색해보세요.

1 메이크업 & 헤어

기본적으로 푸른빛의 짙고 어두운 색으로 선명하면서 강한 톤이다. 절제된 이미지로 강한 대비에 선명한 느낌으로 모던하면서 이지적인 이미지로 표현한다.

1 메이크업

심플하고 단아한 스타일로 원 포인트(One-point)패턴이나 강한 색상으로 뚜렷한 이미지의 패턴이 잘 어울린다. 피부 톤은 밝고 화사한 톤으로 눈썹은 머리 색상과 같은 계열로 그려주고 눈매나 입술라인은 선과 색상이 뚜렷한 것이 효과적이다. 눈매와 입술 중 한 곳에 포인트를 주는 원 포인트 메이크업으로 볼 화장은 자연스럽게 하고, 입술은 누드계열의 밝은 톤이나 짙은 레드나 와인, 퍼플 계열이 잘 어울린다.

2 헤어

기본적으로 짙은 계열로 광택과 푸른빛을 지니며 회갈색이나 검은색이 주를 이룬다. 브라운 계열의 경우 검은 색이 강한 흑갈색이나 회색이 가미된 회갈색이며 적색은 포함되지 않는다. 겨울의 헤어 색상에 골드 빛의 갈색이나 붉은 밤색 등으로 연출하는 것은 피하고 와인, 블루, 퍼플 등의 색은 어울리는 색이다. 겨울 컬러 이미지는 심플하며 모던한 것이 특징이므로 다양한 헤어 색상이나 지나치게 밝은 색, 투톤의 브릿지는 어울리지 않는다.

겨울은 커트나 단정한 형태의 헤어스타일로 심플하고 라인이 정확한 것이 잘 어울린다.

파운데이션(Foundation)

피부색이 흰 편이므로 어둡지 않도록 피부 톤을 두께감 있게 고르게 펴주고, 페일 베이지와 핑크 베이지 등으로 밝고 화사하게 표현한다.

아이브로우(Eye-brows) & 아이라인

눈매를 또렷하고 강하게 표현하여 이미지를 깔끔하고 모던하게 연출한다. 검정과 다크 블루, 진회색을 활용한다.

아이섀도(Eye-shadow)

모던하고 심플한 이미지는 화이트나 실버를 주조색으로 하여 회색 계열이나 청보라, 와인, 퍼플 계열, 블랙 등과 잘 어울린다. 아이섀도는 연하게 하나의 톤으로 표현하게 ㅏ 밝고 어두움을 정확하게 깊이감과 대비감 있게 표현하여 눈매를 또렷하게 강조하는 것이 효과적이다.

치크(Cheek)

치크를 강하게 표현하지 않고 은은하고 자연스럽게 표현한다. 지나치게 표현할 경우 겨울의 심플하고 깨끗한 이미지에 맞지 않는다. 핑크나 베이지 계열로 자연스럽게 표현한다.

립스틱(Lip stick)

블루 베이스를 기본으로 강하거나 아주 연한 컬러가 주를 이룬다. 입술은 누드 베이지나 차가운 색감의 레드, 버건디 등의 색상으로 입술을 강조하는 것이 효과적이다. 피부 톤, 헤어, 눈동자가 대조를 이루는 경우가 많아서 립 컬러가 선명하지 않으면 흐릿해 보일 수 있다.

1 댄디(Dandy)

명도가 낮은 색으로 콘트라스트가 있는 배색에 침착하고 기품 있는 남성적 이미지를 지닌 스타일이다. 남성적인 이미지 속에 화려함과 격조를 갖고 있는 디자인이 특징인 패션스타일로 넥타이나 손수건, 딱 맞게 떨어지는 남성 맞춤정장 등을 의미한다.

색상 배색은 견고한 감각의 회색 계열로 명도가 낮은 어두운 톤의 회색, 갈색, 그린 계열에 검정과 회색의 혼합으로 채도가 낮은 배색이다.

① 소재, 무늬 : 울이나 실크 등의 고급스런 소재를 사용한다. 무늬로 짠 직물로 가벼움과 얇은 이미지에서는 우아한 이미지를, 두께감이 느껴지는 직물에서는 정장의 보수적인 이미지를 연출한다.

② 액세서리 : 서류가방처럼 일을 할 수 있는 기능적이고 심플한 스타일이 포인트이다. 기능적인 장식과 디자인으로 고급스런 솔리드 소재, 베이직한 디자인을 활용한다.

③ 가방, 구두 : 가방은 유행보다는 기능이 간편한 보편적인 디자인을 사용하고, 구두는 장식이 적은 펌프스로 차분한 이미지를 연출한다.

댄디 이미지를 사진에서 찾아 배색해보세요.

② **소피스티케이트**(Sophisticated)

이 말의 원래 뜻은 '궤변 부리다, 세파에 닳다'라는 뜻이지만, 복식 용어로는 세련된 도시적 분위기를 의미한다. 어른스러운 감각과 도시적인 세련된 아름다움을 지닌 전문직 여성의 산뜻하면서도 섹시한 분위기를 표현하는 패션이다. 주로 20~30대 여성들이 선호하는 스타일로서 지성미와 교양미를 여성이 가진 최대의 아름다움으로 표현한다. 채도와 명도가 낮은 톤의 배색으로 가라앉는 느낌의 회색 톤을 사용한다.

① **소재, 무늬** : 스트레이트한 라인이나 강한 대비 배색을 이용한 스타일로 트위드나 울 등의 고급스러운 것에서부터, 광택이 있는 실크나 변형섬유를 갖고 있는 화학섬유소재까지 폭넓게 사용하는 것이 가능하다. 기본은 단색이며, 응집된 디자인을 방해하지 않을 정도의 세세한 무늬나 추상적 무늬 등을 사용한다.

② **액세서리** : 차가운 빛을 가진 백금이나 크리스탈, 광택이 없는 형태의 금속으로 디자인성이 높은 것, 공들인 디자인의 시계 등 원 포인트 장식을 사용하여 분위기를 연출한다.

③ **가방, 구두** : 광택을 억제한 가죽 소재의 구두나 가방, 유행을 의식한 트랜디한 디자인, 직선적인 대비 배색을 넣은 아방가르드한 스타일을 활용한다.

소피스티케이트 이미지를 사진에서 찾아 배색해보세요.

③ 모던(Modern) 이미지

심플하고 샤프한 개성적인 이미지로 비즈니스 라이프 스타일이다. '현대적', '도시적', '이지적'인 이미지로 차갑고 딱딱한 느낌의 세련되고 도회적인 서구적인 스타일이다. 스트라이프나 기하학적인 무늬, 체크 등을 활용한다.

색상 배색은 무채색을 주조색으로 하며 청색 계열을 배색하여 정적인 이미지를 더해 현대적인 감각으로 배색한다.

① 소재, 무늬 : 무늬가 없는 단색 위주의 세련되고 착용감이 양호한 울이나 고품질의 면직물, 두꺼운 새틴, 가죽 등의 소재를 사용하고, 무늬는 최소한으로 가는 줄무늬, 기하학 문양, 추상적인 문양 등을 사용한다.

② 액세서리 : 실버 계열의 차가운 색상, 독특한 구조의 대담한 디자인 목걸이나 모노톤의 콘트라스트를 강조한 샤프한 디자인으로 실버, 큐빅, 다이아몬드, 청색계열의 보석이 어울린다.

③ 가방, 구두 : 에나멜 광택이 있는 재질의 가방을 사용하며, 구두는 펌프스나 샤프한 형태에 감각이 독특한 앵글부츠 등을 사용한다.

모던 이미지를 사진에서 찾아 배색해보세요.

4 다이내믹(Dynamic)

활기차고, 활동적인 이미지를 갖는 패션스타일로, 스포츠웨어에도 사용되는 것과 같은 기능적인 디자인이 특징이다. 캐주얼적인 스타일링보다 더욱 활동적이고 극적인 이미지를 보여준다.

색상은 검정, 빨강, 노랑의 배색이나 비비드 톤의 원색을 주로 하여 대비 효과가 큰 세퍼레이션 배색 등을 활용한다.

① **소재, 무늬** : 면 개버딘이나 코르덴, 트위드, 스웨이드 등의 소재를 사용하며, 최근 들어 무늬보다는 색으로 표현되며 기능성 소재를 사용한다.

② **액세서리** : 기능적인 액세서리 외에는 없는 것이 더 강렬하다.

③ **가방, 구두** : 천으로 만든 큰 가방이나 넉넉하게 폭이 붙은 숄더백, 백팩 등을 활용한다. 신발은 덱 슈즈나 앵글부츠, 사이드고어부츠 등, 댄디한 스타일로 딱 맞는 디자인보다는 활동하기 편안한 기능적인 것으로 연출한다.

다이내믹 이미지를 사진에서 찾아 배색해보세요.

Section 1 퍼스널 컬러 코디네이션 계획

PERSONAL COLOR
COORDINATOR

퍼스널 컬러
코디네이션 계획

퍼스널 컬러 코디네이터를 위한

뷰티색채학

Section 1

퍼스널 컬러 코디네이션 계획

1 퍼스널 컬러 코디네이션의 특징과 범위

사람은 개인마다 피부와 모발, 눈동자 등의 고유색을 갖고 있는데, 퍼스널 컬러 코디네이션의 성공적인 연출을 위해서는 자신의 신체 색을 파악하고 이와 잘 조화되는 색을 사용하여야 한다. 색채는 개인의 신체 색 위에 쓰는 것이므로 재료의 원래 색이 그대로 나타나는 것이 아니라 같은 색이라도 개인마다 색채의 효과에서 차이가 있다. 퍼스널 컬러 코디네이션의 범위는 메이크업, 헤어스타일, 의상, 액세서리 등을 포함한다.

2 퍼스널 컬러 코디네이션 디자인 과정

1 고객 분석 단계
신체의 일부분으로 사람마다 각기 다른 색을 가지고 있다는 것을 감안하여 디자인하도록 한다.
① 피부색, 모발색, 눈동자색 등 신체 색상 분석
② 얼굴형, 얼굴 이목구비, 얼굴과 신체와의 비율, 목과 어깨의 형, 신체의 자세 등 분석

2 구상 단계
① 디자인하고자 하는 고객의 특성을 파악 후 고객이 착용할 의상과 직업, 장소, 시간, 고객의 상황(웨딩, 모임, 비즈니스 등) 확인
② 선호하는 유행 스타일과 색채에 대한 고객의 의견을 참고하여 계획
③ 전체 컬러 이미지 계획 및 서비스 시간 결정
④ 세부 컬러 계획(메이크업, 헤어, 의상, 액세서리 등)
⑤ 일러스트

3 실행 단계
① 서비스 환경, 위생상태 등 사전 준비
② 접객 및 서비스

4 보정 및 평가 단계
① 개인적 역량이나 재능보다 고객만족도를 우선으로 평가
② 고객의 불만사항 점검 및 사후 서비스 관리 계획

1 색채계획 의도

2 Make-up color coordinate

Foundation

Cheek

Eye-shadow

Lip

Hair

3 Style color coordinate

면적비례표(3가지 색 이상, 톤인톤 배색으로 자유롭게 10칸을 분할하여 배색하시오)

실습 2 퍼스널 컬러 코디네이션 색채계획 봄 유형

1 색채계획 의도

2 Make-up color coordinate

Foundation

Cheek

Eye-shadow

Lip

Hair

3 Style color coordinate

면적비례표(3가지 색 이상, 다색상 배색으로 자유롭게 10칸을 분할하여 배색하시오)

퍼스널 컬러 코디네이션 색채계획 여름 유형

1 색채계획 의도

2 Make-up color coordinate

Foundation

Cheek

Eye-shadow

Lip

Hair

3 Style color coordinate

면적비례표(3가지 색 이상, 톤온톤 배색으로 자유롭게 10칸을 분할하여 배색하시오)

퍼스널 컬러 코디네이션 색채계획 여름 유형

① 색채계획 의도

② Make-up color coordinate

Foundation

Cheek

Eye-shadow

Lip

Hair

③ Style color coordinate

면적비례표(3가지 색 이상, 톤인톤 배색으로 자유롭게 10칸을 분할하여 배색하시오)

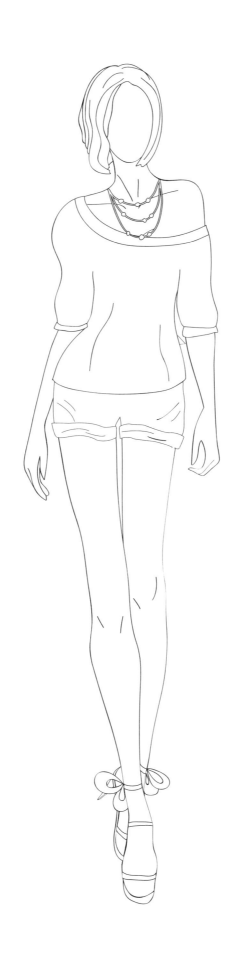

퍼스널 컬러 코디네이션 색채계획 가을 유형

1 색채계획 의도

2 Make-up color coordinate

Foundation

Cheek

Eye-shadow

Lip

Hair

3 Style color coordinate

면적비례표(3가지 색 이상, 토널 배색으로 자유롭게 10칸을 분할하여 배색하시오)

퍼스널 컬러 코디네이션 색채계획 가을 유형

1 색채계획 의도

2 Make-up color coordinate

Foundation

Cheek

Eye-shadow

Lip

Hair

3 Style color coordinate

면적비례표(3가지 색 이상, 도미넌트 배색으로 자유롭게 10칸을 분할하여 배색하시오)

퍼스널 컬러 코디네이션 색채계획 겨울 유형

① 색채계획 의도

② Make-up color coordinate

Foundation

Cheek

Eye-shadow

Lip

Hair

③ Style color coordinate

면적비례표(3가지 색 이상, 악센트 배색으로 자유롭게 10칸을 분할하여 배색하시오)

퍼스널 컬러 코디네이션 색채계획 겨울 유형

① 색채계획 의도

② Make-up color coordinate

Foundation

Cheek

Eye-shadow

Lip

Hair

③ Style color coordinate

면적비례표(3가지 색 이상, 세퍼레이션 배색으로 자유롭게 10칸을 분할하여 배색하시오)

메이크업 색체계획 봄 유형

20대 대학생의 메이크업을 디자인하려고 한다. 봄 유형으로 웜로맨틱한 이미지를 메이크업 컬러로 구성하여 색채계획하시오.

① 색채계획 의도

② Make-up color coordinate

Foundation

Cheek

Eye-shadow

Lip

Hair

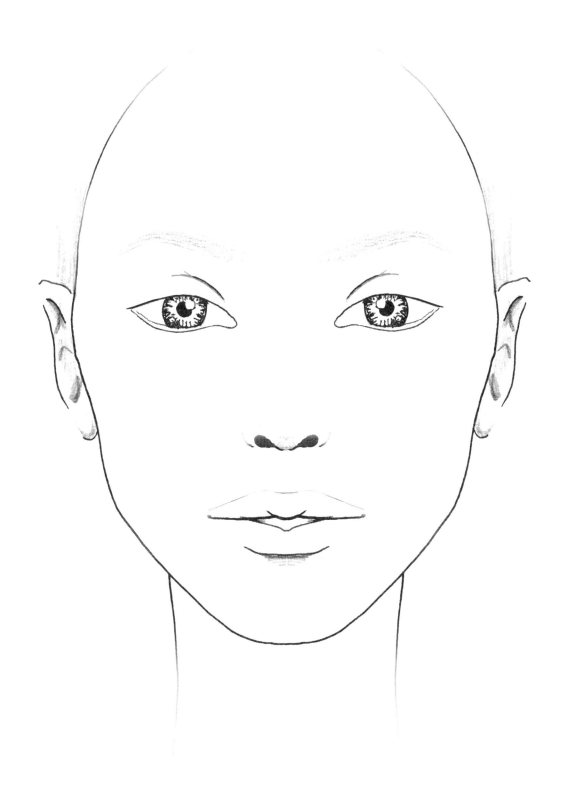

메이크업 색채계획 여름 유형

20대 후반 회사원의 메이크업을 디자인하려고 한다. 여름 유형으로 엘레강스한 스타일을 선호하는 여성의 이미지를 메이크업 컬러로 구성하여 색채계획 하시오.

1 색채계획 의도

2 Make-up color coordinate

Foundation

Cheek

Eye-shadow

Lip

Hair

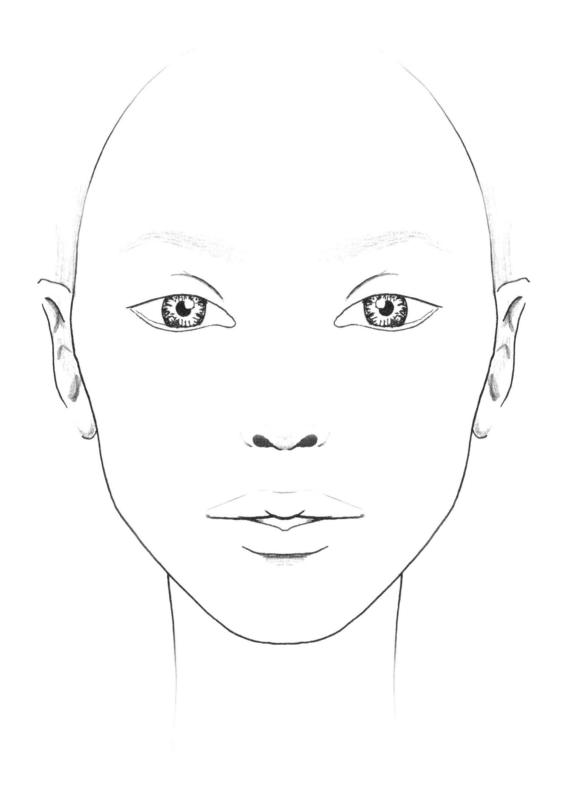

메이크업 색채계획 가을 유형

30대 초반 여성의 메이크업을 디자인하려고 한다. 가을 유형으로 에스닉한 스타일을 선호하는 여성의 이미지를 메이크업 컬러로 구성하여 색채계획하시오.

1 색채계획 의도

2 Make-up color coordinate

Foundation

Cheek

Eye-shadow

Lip

Hair

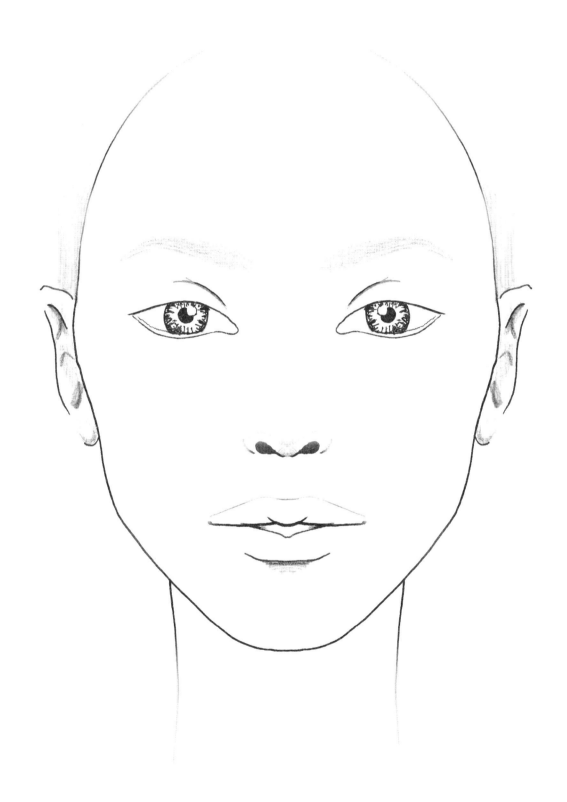

메이크업 색채계획 겨울 유형

30대 전문직 여성의 메이크업을 디자인하려고 한다. 겨울 유형으로 도시적이며 시크한 스타일을 선호하는 여성의 이미지를 메이크업 컬러로 구성하여 색체계획하시오.

1 색채계획 의도

2 Make-up color coordinate

Foundation

Cheek

Eye-shadow

Lip

Hair

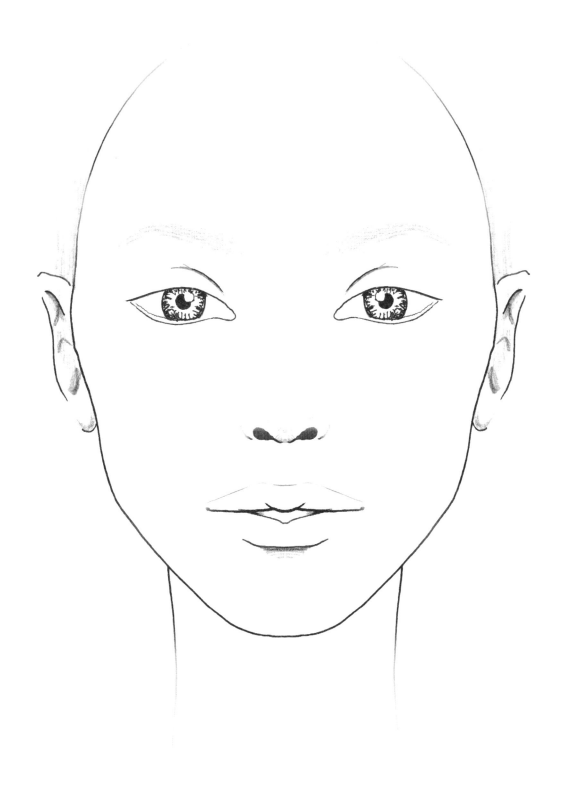

FACE CHART

CONCEPT _____

FOUNDATION

EYE SHADOW

CHEEK

LIP

EYEBROW

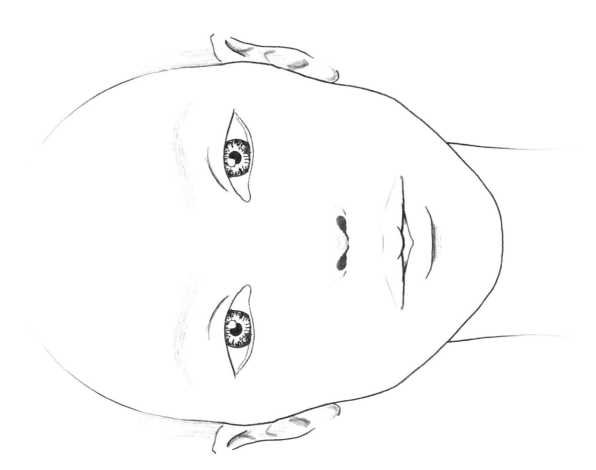

FACE CHART

CONCEPT

_____

_____

_____

FOUNDATION

EYE SHADOW

CHEEK

LIP

EYEBROW

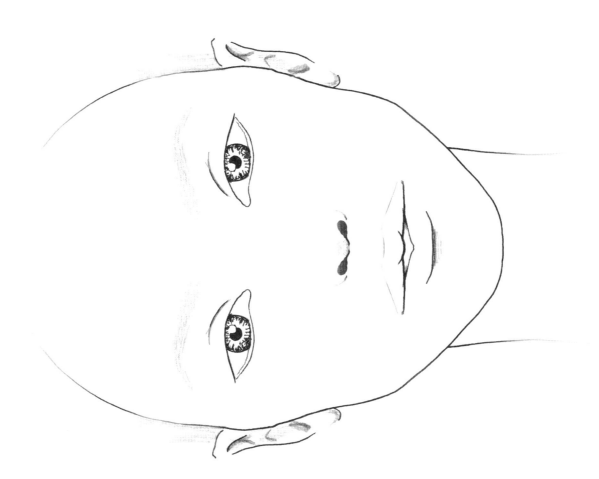

FACE CHART

CONCEPT _____

FOUNDATION ☐ ☐

EYE SHADOW ☐ ☐ ☐

CHEEK ☐

LIP ☐ ☐

EYEBROW ☐

FACE CHART

CONCEPT

_____

_____

_____

FOUNDATION

EYE SHADOW

CHEEK

LIP

EYEBROW

FACE CHART

CONCEPT

FOUNDATION

EYE SHADOW

CHEEK

LIP

EYEBROW

FACE CHART

CONCEPT

FOUNDATION

EYE SHADOW

CHEEK

LIP

EYEBROW